VOGUE ON

ココ・シャネル

著者
ブロンウィン・コスグレーヴ

翻訳者
鈴木 宏子

イージー・エレガンス	6
先進的なファッション	30
無頓着で豪華	52
黄金時代	94
復活	122
索引	156
参考文献	158
写真クレジット	158

ガブリエル・"ココ"・シャネル
(写真=ウラジミール・レービンダー、1923年)

1ページ　黒いイヴニング・フロックの肩に2本のバラで留めた上品な黒いスカーフ。1924年、ハリエット・メソーリ画。

3ページ　シャネルのポートレート
(写真=セシル・ビートン、1937年)

『何か』ではなく、
『何者か』になろうと決めた時、
なんて楽になるのだろう

ココ・シャネル

イージー・エレガンス

(Below) *Of all designers who love jersey cloth this designer loves it most, and accomplishes the most startling things with it. This season that means a great deal because of the immense popularity of jersey. Here, black silk jersey is combined with black lace for an afternoon frock*

THREE MODELS FROM CHANEL

(Right) *To use jersey successfully in a manteau is a thing few designers could accomplish, yet here it is successfully done. This manteau, "Teheran," is of beige jersey edged with marine blue. Like many French things just now, it is devoid of all trimming except tassels*

exactly flowing with milk and honey, but at least a land glowing with sunshine,—a land where at night street lamps burn brightly and where electricity has not as yet been forbidden.

For those of us who stay in Paris there are charity fêtes and still more charity fêtes,—just one "charity" after another. Money may be spent for more useless articles than were ever before imagined or devised. And now that buyers are tiring of the "charity" articles, Parisians are emptying their treasure chests—selling their cherished bibelots for any price, in order to contribute to some particular class of war sufferers. There was a sale of such articles a few days ago at the Georges Petit Galleries, and the objects sold were unique, for they were contributed by various members of society as well as by well-known collectors.

The Countess de Bearn, who organized the sale, gave, amongst other things, a number of interesting Japanese prints. The Marquise de Ganay contributed a sedan chair which was sold for many thousand francs. The Baroness de Rothschild also was a generous contributor to

「ひとたびシャネルによるジャージー素材の服を見てしまったら、手に入れたくてたまらなくなる」、1916年に『ヴォーグ』はこう評した。翌年も同誌は「ジャージー素材を好むデザイナーは多いが、シャネルは誰にもひけをとらず、かつてないことをやってのける」とほめちぎり、黒いジャージーとレースのアフタヌーン・フロック（中央）、マリンブルーで縁取った青いジャージーのマント（ゆったりしたコート）（下）などシャネルの作品を3点紹介した。

ココ・シャネルがブランドを立ち上げてからわずか4年後の1917年、彼女はヨーロッパと米国の両方で知られる存在になっており、その服は『ヴォーグ』の仏・英・米国の各版で取り上げられた。『ヴォーグ』は誌面でシャネルを「ジャージー生地の支配者」と呼び、男性のアンダーウェアに使われるのが普通だった生地をオートクチュールという洗練された領域にまで高めたと評した。これだけでも素晴らしい功績だったが、それだけではない。シャネルによる「スマート」なフロック、カーディガンスーツ、そして「大きなポケットを備える、ゆったりしたロングコート」がコルセットの衰退を後押ししたのだ。きつく締めつけるコルセットなしでは着られない凝った服とは対照的に、シャネルが用いたジャージー素材は開放的だった。巧くドレープさせると2番目の皮膚のようにセンシュアルに体になじみ、また無駄のないデザインは、最新の自動車を運転したり、開業間もないパリの地下鉄メトロポリタンに乗ったりする、自立し始め活動的になった女性達にもあつらえ向きだった。

　シャネルならではのイージーエレガンスは、彼女の服の代名詞となった。しかしジャージー素材でシャネルが起こす奇跡の陰には、しなやかすぎる生地を洗練された衣服に仕立てるための技術的な苦心があった。「ずいぶんと泣きました」と、シャネルのプルミエール（作業長）として針子たちに指示を出していたマリー＝ルイーズ・ドレは打ち明ける。「マドモアゼルは要求が厳しいんです。フィッティングがうまくいかないと激怒しました。絶対譲らなくて——容赦ないんです。でもデザインはセンセーショナルでした——シックなのにとてもシンプルで」。『ヴォーグ』でも取り上げられたポケットについて、作業服の便利で機能的な特徴を取り入れたのはハンドバッグを持ち歩かなくても済むようにするためだとシャネルは説明した。

　33歳のシャネルはスリムで美しく、作品を自らモデルとして着こなした。女性デザイナーとしては前例のない巧みな策略だった。カメラを向けられても臆さず、堂々と名声に浴した。自らの美的感覚に自信を持ち、流れに逆らうことを恐れなかったため、彼女はあっという間に上流階級や王族が装いのアイディアやアドバイスを求めるファッションオラクル（巫女）としての地位を固めた。シャネルは商機にもさとく、1917年には300人を越える社員を抱えていた。パリ、ドーヴィル、ビアリッツに3人のプルミエールを置き、お抱え運転手と召使いを雇っていた。見る間に

彼女の眼鏡にかなったものしか買わない。
あの娘は他の十把一絡げの連中にはない
審美眼を持っているから　　キティ・ド・ロスチャイルド

こんな名声と財産を得たシャネルの業績は見事という他ない。社会の底辺の出自と貧しい子供時代を踏まえるとなおさらである。

ガブリエル・シャネルは1883年、フランスのペイドラロワール地方ソーミュールにある救貧院で生まれた。赤貧の田舎者カップル、ジャンヌ・ドゥヴォールと甲斐性無しの行商人アルベール・シャネルの5人の子供の1人である。両親は1884年に結婚し、アルバートは何とか生計を立てようとしたものの、シャネルの伝記を書いたアクセル・マドセンは一家が「貧相な宿泊施設を渡り歩いていた」と記している。ジャンヌは「路上生活、貧困、絶え間ない妊娠」によって消耗し、1895年に結核で命を落とした。アルバートは小さい息子たちが成長後に農場で働けるよう手はずを整えた後、娘のジュリア、ガブリエル、アントワネットを馬車に押しこみ、オーバジーヌの地、コレーズ谷にある孤児院に置き去りにした。そしてそのまま姿を消したのである。

1901年頃に撮影されたシャネルの彩色写真。この頃最初の店舗であるシャネル・モードをパリに開いた。

マドセンはオーバジーヌを「急勾配の屋根、高い壁、囲いこまれた中庭のあるわびしい場所」と表現している。シャネルの伝記作家達は、オーバジーヌに着いたシャネルはひどいショック状態に陥り、以後孤児院で過ごした5年間に時折反抗的な態度を取ったが、これは父親に捨てられた心痛をやりすごすためだったととらえている。後に彼女は当時の心の傷に触れ、「私は全てを奪われて死んだのよ。12歳でそう実感したわ。人生で死ぬのは1回だけじゃないのよ」と感情をむき出しにして語った。マリアの聖心女子修道会──若い女性の純潔を守り、手に職をつけさせるために設立された厳格なローマカトリック教会団体──に引き取られて暮らすシャネルは身を粉にして働き、暖房のない共同寝室の鉄でできた寝台で眠り、薄い粥の朝食を取った。週6日の学校生活の合間にベッドシーツの縁を縫うという退屈な家事もやらねばならなかった。その妥協を知らない性格と強い意志、比べるもののない裁縫技術はオーバジーヌで培われたに違いない。

孤児院のしつけは厳格を極め、作業がうまくいかなかったり下手だったりすると尼僧はすぐに叱責した。50年後、『ニューヨークタイムズ』の記者はパリの豪奢なアトリエで手縫いのスーツを仕上げるシャネルを目撃している。「私がうまくピン留めしたのに、あなたが縫ったら台なしになったわ!」と金切り声を上げ、何時間も傍で根気よく働いていたプルミエールを解雇したのである。

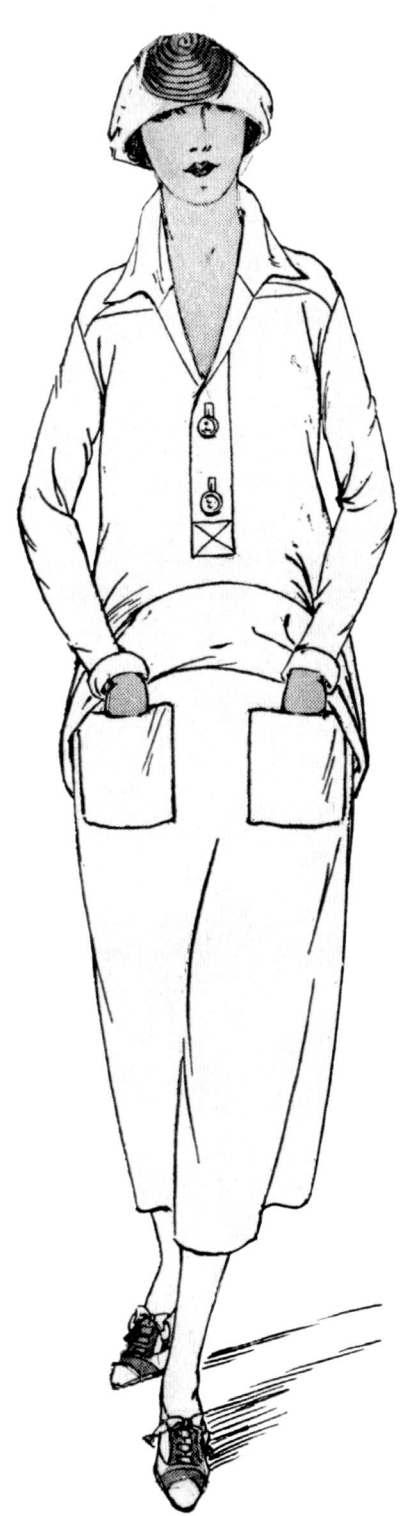

1921年にレービンダー伯爵夫人のためにデザインされた、ポケットが目立つ緑／ベージュの「スポーツ・コスチューム」（左）。『ヴォーグ』は「男性用シャツのようなブラウス」と表現した。

革新的だったのがポケットの採用。装飾的であると同時に機能的でもあった。ポケットのおかげでハンドバッグを持ち歩く必要がなくなったのである。これはダグラス・ポラードによるイラスト。1920年、『ヴォーグ』はこの緑・白・黒で模様を描かれたシルクドレスを「奇抜」と評した。「スカートはユニークなカットでそのままポケットになる」からである（右）。

シャネルは
ジャージー素材の
時と同様に、
ポケットをつける
理由を断固として
主張する

「ヴォーグ」

オーバジーヌの厳粛な雰囲気、漆喰を塗った簡素な壁、エドモンド・シャルル・ルーが「あまりにも濃くノーブルな黒色」で1度見たら「永遠に記憶に刻みこまれる」と表現した物々しいドアこそ、シャネルブランドのアイデンティティを形作り、つややかな商品パッケージとクチュールコレクションのカラースキームの特徴である「晒されたような白とオニキスブラック」というパレットの着想源だといわれる。同じく、シャネルの贅沢なシルク地によく使われるムーン＆スター模様のプリント、そしてジュエリーコレクションの永遠のモチーフであるマルタクロスは、オーバジーヌの僧達が何千という小石で作ったモザイクからヒントを得たとされる。マルタクロスはシチリアの宝石商フルコ・ディ・ヴェルドゥーラ公爵が1937年にシャネルのために作ったマットホワイトのエナメル製カフブレスレットに初めて登場する。輝く宝石をブレスレットに細かく十字型に配置したもので、ステンドグラス窓を思わせる。ジャスティン・ピカーディーはシャネルの伝記執筆にあたり取材で孤児院を訪れた際、オーバジーヌの「くすんだグレーとパールホワイト」のガラス窓が「幾何学模様とノット＆ループを形作っていて、シャネルのロゴであるダブルCにぞっとする程似ている」ことを見いだしている。

シャネルは日曜日になるとクラスメートとともに尼僧に率いられて山あいをそぞろ歩いた。この毎週のしきたりのおかげで彼女には熱心に運動を続ける習慣が刻みこまれ、それは生涯変わらなかった。50代になっても健康でしなやかな体を保ち、この頃フレンチリヴィエラ（コートダジュール）の広壮なヴィラ、ラ・パウザの庭で木に登る姿を写真に収められている。浜辺とパリのそちこちを早足でウォーキングし、中年になってからサンモリッツでスキーを始めた。常に活動的な彼女はうらやましいような細身の体型を保ったが、鍛えられた体に似合うデザインを生み出す傾向もここに由来する。晩年、運動用のドレスシューズのデザインに取り組んだが、ナイキの運動靴に先立つものといえよう。『ウーマンズ・ウェア・デイリー』は「黒とカシュー色のキッド革で作られたワッフルソールのトラックシューズは、シャネルのスーツを着こなすためにシャネルが提案する新たなアイディア」と述べている。

ディテールにそろいのチェックを使ったウールのコートとスカート。1917年『ヴォーグ』は「豪華なスポーツコスチューム」と評した。

オーバジーヌを出てカトリックの寄宿舎で過ごした1年間の窮屈な生活から解放されたシャネルは、守備隊駐屯都市近くのムーランで仕事を見つけた。日中は地元の衣料品店で縫製をし、夜はラ・ロトンドで舞台のつなぎをする「ポーズ嬢」のアルバイトをした。ラ・ロトンドは地元のサロンで、彼女は歌ってから帽子を回して小遣いをかせいでいた。シャネルの「歌はうまくなかった」と『ニューヨーカー』のジュディス・サーマンは記している。それでも「兵士たちは彼女を愛らしく思い」、彼女のキャッチーな2つの持ち歌『ココリコ』と『トロカデロでココを見たのは誰？』の印象的なフレーズから「ココ」という愛称をつけたという。

1904年、彼女は洋服の仕立屋で働いており、そこで織物会社の跡取りであり競走馬のオーナーでもあるエティエンヌ・バルサンと出会う。1年後、彼女はロワイヤリュにあるバルサンの大邸宅に移った。そこはかつての王族用狩猟ロッジで、自由な気風の持ち主のバルサンは馬を育て、調教していた。バルサンはシャネルの最初の愛人で、彼女を導き、経済的な面倒を見た。しかしバルサンの「正式な」愛人は高級売春婦から転身したキャバレースター、そしてベルギー王レオポルド2世のかつての愛人でもあった美しいブロンドのエミリエンヌ・ダランソンのままで、「チャーミングな村娘」ココは「遊び仲間」的な愛人であった。「何も知らなかった、全くの物知らずだった田舎娘」――シャネルが自らをふり返って語ったように――はこの状況を受け入れた。彼女は「召使いでもシャトレーヌ（女主人）でもなかった」とピカーディーは記しており、バルサンが毛並みのよい友人夫婦をもてなす時、ココは召使いと食事を取るのが普通であった。それでもバルサンの厩舎には出入り自由だった。パリ北東部にあるコンピエーニュの森林地帯を縁取るオークや樺、ブナの緑濃い林の中で、彼女は晴雨にかかわらず「乗馬の練習に明け暮れ」、恐れを知らぬ熟練の女性騎手となったとマドセンはつづっている。

バルサンと連れだってレースに出かけたり、バルサン宅で開かれる騒がしいホームパーティに参加する時、シャネルは高級売春婦や上流階級とも交わることとなった。その手の女性たちといえば派手な装飾とくびれた腰のシルエットがお決まりで、そのスタイルが当時の粋の極みでもあったが、シャネルは飾り立てたドレスを嫌った。「よろいのような服に身を包み、胸をはだけてお尻も突き出し、体が2つになるかと思うくらいにウエストを締めつけてるのよ」と彼女はさげすむよ

うに回想している。彼女は「肩よりも広いつばの帽子、地面に引きずって泥にまみれるドレス」にも軽蔑の目を向けた。シャネルの装いはクールなおてんば娘といった風で、厩舎でバルサンお抱えの調教師や騎手、馬番、馬丁に影響を受け、地元の洋服屋で仕立てさせたジョドパーズ（乗馬ズボン）にジャケットという対照的なものだった。レースの際も習わしなど無視し、女学生風のスーツに麦わらのボーターハットを目深にかぶるという格好で人目を引いた。つまり最初から彼女は後にそのクチュールを特徴づけることとなる、無駄のないスポーティな美を自ら体現していたのだ。

ロワイヤリュでの所在ない状態に倦んだシャネルは婦人用帽子を作り始める。彼女はエミリエンヌ・ダランソンに帽子を仕立てた。エミリエンヌがロンシャンの競馬場でその帽子をかぶって登場するとバルサンの女友達もシャネルに帽子の仕上げを依頼し始めた。シャネルの幸運は続く。バルサンに伴ってピレネー山に狐狩りに出かけた先でアーサー・'ボーイ'・カペルに出会ったのである。伝えられるところによると、彼女はそこでこの裕福な英国のビジネスマンと恋に落ちたという。パリで帽子店を開きたいという望みを明かした彼女をカペルは励ました。カペルが狩猟地を離れる日、シャネルは駅まで追っていってパリ行きの急行列車に乗ろうとする彼を引き留めた。カペルはシャネルを腕に抱き取って寝台車へと連れ去り、彼女が振り向くことはなかった。

'若い女性に飾り立てた装いなど似合わない'

ココ・シャネル

世界金融の中心部だったパリはヨーロッパ芸術の首都でもあった。「印象派と後期印象派はパリを風雅なモダニズムの地に変えたばかりか、素材そのものにしてしまった」とコリン・ジェームズは記し、「つまり世界中から流派の最先端を探究すべくやって来た芸術家達は、フランスの首都に二重に惹かれることとなったのである。1平方メートル当たりの芸術家の数は世界のどこよりも多い」と述べた。シャネルはここでファッションの先駆者となり、コクトー、ディアギレフ、ピカソ、ダリなど著名な芸術家や作家と個人的に親交を深めた。ただしその出発は簡素なものだった。エティエンヌ・バルサンはマルゼルブ大通り160番地のアパートメントをシャネルにアトリエとして貸した。エレガントな淡い色合いの石造建築の1階の部屋だった。すぐにバルサンのパリに住む女友達がつめかけるようになった。彼女らのお目当ては、シャネルがギャラリー・ラファイエット百貨店で「数ペニー」で買い求めた麦わらのボーターハットを手直しして作った素晴らしい帽子だった。シャネルは後に「ほんの少し手を加えただけだったのよ」と認めている。1年もしない1910年の1月1日、シャネルはカンボン通り21番地――セーヌ川右岸地区にある狭い一方通行の通り――でシャネル・モードの開店にこぎ着けた。今回出資したのはカペルであった。彼女はビジネスには疎かったが、中2階に開いたその小さな帽子店は幸運にも華やかなオテル・リッツのそばに位置していた。オテル・リッツはパリで最初のモダンなホテルとして有名で、裕福な客層が彼女のクライアントとなった。ほど近いラ・ぺ通りの客足も流れてきた。ラ・ぺ通り7番地ではガストン＆ジーン・ワースがヴェルベット地があふれるメゾン・ワースを構えていた。ワースやドゥーセなどのクチュリエが打ち出す古風な魅力――作品の大半は18〜19世紀の絵画に着想を得ていた――は活気づくパリのペースと歩調が合わなくなりつつあった。代わってファッションの帝王として君臨したのはハーレムパンツやターバン、足首まであるホブルスカートなど東洋にヒントを得た異国情緒を取り入れたポール・ポワレだった。

　1913年にボーイとドーヴィルを訪れたシャネルは、ゴントー・ビロン通り、街で一番ファッショナブルな大通りにブティックを開こうと――カペルに出資してもらって――決めた。最初に作った服――タートルネックのセーター、ストレートなリネン地のスカート、セーラーブラウス――は、ビーチリゾートののんびりした野外活動にうってつけだった。

白いジョーゼットクレープ地に扇形の青いデルフトビーズの飾りを乗せたキャタピラーストロー・ハット――「どれもチャーミングでスマート」（『ヴォーグ』、1917年）

CHANEL

シャネルの帽子は当時の仰々しい帽子に比べると簡素極まりないものだった。『ヴォーグ』は1917〜1918年にかけてシャネルデザインの帽子をいくつも取り上げている。上から時計回りに：ウールを編みひもにして端をタッセル状に脇に垂らした黒いサテンの帽子；セリース色のリボンを蝶結びにして添えたセリース色の糸を編んだ帽子；束にしたシルク糸でオーストリッチの羽を模した、黒いヴェルベット製のつば広帽子；青と黒のリボンだけで作った帽子、脇で青いリボンを結んである。

キジの尾羽が「細長い飾り羽付きのとてもシックな花形帽章」となって、ニットのクレープ地をかぶせた麦わら帽子に彩りを添える。細いつばの片側は上にめくられている。(『ヴォーグ』、1922年)

翌年7月に第一次世界大戦が起こった時、シャネルの服は質素を求める新たなムードとマッチしており、またドーヴィルのグランドホテルが病院に転用されて上流階級の女性がボランティアで働き始めると、その仕事着としても実用的ながらエレガントである点が認められるようになる。フランシス・ケネットは「シャネルはトレンドに敏感で」マンネリズムにもすぐ気づき、「一目クライアントを見るだけでどこがよくてどこがまずいのか見定める」ことができたと記している。この確かな眼力が次第に「美的感覚の権威」としての地位を確立させた。クライアントの1人、ユージーン(キティ)・ド・ロスチャイルド男爵夫人もファッションについてシャネルのアドバイスを求め始めた。「彼女の眼鏡にかなったものしか買わない。あの娘は他の十把一絡げの連中にはない審美眼を持っているから」と公言し、シャネルの評価を押し上げたのである。すぐにロスチャイルド男爵夫人と交流のあるプランコンタル伯爵夫人やフォシニ＝リュサンジュ王女など社交界の花たちもシャネルのクライアントとなった。『ヴォーグ』はクライアントとしてもう1人、シャネルが個人的に考案した舞台衣装をまとったコメディーフランセーズの花形女優セシル・ソレルも取り上げている。

順調に成功を重ねたシャネルは、1915年にやはりボーイ・カペルの出資によってビスケー湾のリゾート地ビアリッツにメゾン・ド・クチュールを開くことができた。1914年からジャージー素材でセーターを作っていたが、1916年、大幅な値引きをしてもらって織物メーカーのジャン・ロディエから機械織りのベージュのジャージーを購入した。他に引き取り手もないようなこの布でシャネルは見事な手腕を発揮する。60人の針子らとともに革新的なジャージー服のライン、ビアリッツ・コレクションを生み出したのである。「スカートの半ばまでおおう」ゆったりした飾り気のないルダンゴト*、腰にボウを巻いたストレートなチュニック、大胆な足首丈のシャツブラウス、そして『ハーパーズバザール』が大きく取りあげて一躍世に知られることとなったシュミーズドレスなどがその例だ。Vネックのフロックからは「喉の素肌がちらりと見えた」とエドモンド・シャルル・ルーは回想する――「腰に軽くかけられたスカーフは将校のサッシュのようにふわりと浮いていた」。1916年の10月、『ヴォーグ』は簡素なジャージー生地を生かすシャネルのデザインの才能や画家のように色彩を使う手法にページを割いた。

*体にフィットする1種のフロックコート

トリコットジャージーのマントは愛らしいラビットファーで飾られ、昼用および夜用のジャージーのフロックは、リップスティックレッド、濃い壮麗なボルドー、そしてシャネル定番となる白・ベージュ・グレーといった淡い色合いをまとって登場した。『ヴォーグ』はシャネルの手にかかるとジャージーが「クラシックな生地としてのクオリティを獲得し、サージやウールのヴェロア(毛織物)に比肩する」と絶賛した。1917年の『ヴォーグ』には、グラフィックプリントのシルクを裏地に使ったコートとその裏地と揃いの模様をあしらったドレスのアンサンブルなど、シャネルのトレードマークとなるデザインが掲載されている。また1916年1月、「新しいコートは白のスエード生地で、裏地は隅々までセリース色*のジャージー——下に合わせるのはセリース色のジャージー地のフロック」と『ヴォーグ』特派員はパリから報告している。

シャネルにはビアリッツで休日を過ごすスペインの貴族や王族という最高の顧客がついた。その中にはモーリスコ湖畔の美しいヴィラで夏を送るスペイン王ドン・アルフォンソ13世と、王妃であるバッテンベルグ家皇女ヴィクトリア・ユージェニーもいた。第一次世界大戦でスペインは中立を守ったため、エリート層の間では「エレガンスは許される」風潮があり、マドリッド、サンセバスチャン、バルセロナ、ビルバオの裕福な女性たちはシャネルのミニマルなジャージーアンサンブルを何十着もオーダーメイドで注文した。ビアリッツで増え続ける注文に応えるべくシャネルはパリ工房を新たに構えた。閉店時刻になると「現金箱の紙幣を数える」シャネルの姿が見られたとアクセル・マドセンは記している。

シャネルは自分や作品の価値をおろそかにすることは決してなく、その値札には驚くような数字が記された。彼女は自立した女性で、友人のポール・モランが当時記したところによれば「どこから見ても名士」だった。「彼女ときたら——寄宿舎で暮らす女子学生が着るフロックのようにシンプルな、大きくてゆったりしたジャージーに身を包み、ロールスロイスから降り立つのよ」とマリー=ルイーズ・デレイは回想している。「まるで女王だったわ」

シャネルは初期から刺繍を利用した。1917年の『ヴォーグ』によれば彼女は戯れに「黒いシルクのジャージーを使い、日本風の刺繍で縁取りをしたフロックを作ること」を好んだ。左は「腰まで金色のアイリスの刺繍を散りばめ」て金色の刺繍を施したベルトを巻いたイヴニングガウン；右は「バスクに白い桜花」を散らしたドレス。

前ページ　「シャネルはアートの匠、そして彼女のアートはジャージーに宿る」（『ヴォーグ』、1916年）。彼女はジャージーコートとジャケットのトリミングにラビットとヴェルベットを使った。ドレスは濃いボルドー色、「マットな銀で施した刺繍のデザインが引き立つ」

* ピンクがかった赤色。

1917年、『ヴォーグ』のイラストから（左）。シャネルがディテールを揃えているのが見て取れる。ここではコートとドレスの刺繍が対になっている。1925年の「裏地のついたベージュのクレペッラ地のコートと、クレープデシンのプリント地のフロック」（右）は、コートの裏地と中に着るドレスの模様を合わせるシャネルの定番デザイン。

香水は目に見えず、記憶に刻まれる、
究極のファッションアクセサリー…
あなたの到着を告げ、
去った跡も余韻をたなびかせる

ココ・シャネル

先進的なファッション

1918年の大戦終結に伴い、シャネルはビアリッツからパリのカンボン通りにクチュールハウスを戻した。ただし規模を広げ、カンボン31番地の6階建てという大きなビルの中にハウスを構えた。このビジネスベースは1920年代にシャネルがカンボン通りに獲得していった8つの不動産の皮切りでもあった。一番重要だったのはやはり31番地の建物で、彼女の豪華に装飾されたアパートメントとミニマルな鏡張りのクチュールサロン、そしてデザインスタジオを擁していた。続く数年間にシャネルはこのスタジオで女性のための今までにない贅沢な装いを開拓していく。

華美な装飾——ジェットとクリスタルのフリンジ、ディアマンテ、メタリックなレース等——がイヴニングドレスの彩りに使われたが、すぐにシャネルと分かるストレートでスリムなシルエットがくどさを抑えていた。『ヴォーグ』のエッセイで画家のフランシス・ローズが独特の洗練感を持つシャネルの女性的デリカシーに言及し、彼女の小気味よいタッチとパキャンの凝りすぎた細工を比べている。この古参のパリのクチュールハウス——1891年にジャンヌ・パキャンが創設した——はシャネルの磨かれたモダニティに歩調を揃えようと必死だったようだ。「私は母にパキャンの黒いタフタ製ディナードレスの代わりに（シャネルの）ドレスを買わせた。パキャンのドレスは一面に大げさなオレンジと真紅のポピーがステンシルでハンドプリントしてあったから」とローズは回想する。「シャネルのドレスはショルダーストラップのついた黒いクレープデシンのシンプルなシース*で、見えないほど小さいスパンコールとディアマンテビーズを使った小さな星ときらきらする花の刺繍で覆われていた。これにグレーと黒のオーストリッチフェザーのボアが添えられ、その羽毛は先端だけが扇形に残されていて魔法のようにひらひらと閃いた」

シャネルは素晴らしいケープを——長さは様々でセーブル等の豪華なファーで贅沢にトリミングされ、イヴニング用にもスポーツウェアにも合わせられた——レパートリーに加えた。『ヴォーグ』では、シャネルのモデルがパリで「最も美しく装った」女性として登場するのが定番となった。

1924年、『ヴォーグ』は「パリモードで大きな重要性を持つ小さなポイント」と題した記事の中でシャネルデザインのディテールをイラストにした。

*タイトなワンピース

(Left) Chanel shows many unusual collars

(Below) Fringe is used in tunic fashion

Jet and crystal trim a lovely Chanel gown

CHANEL

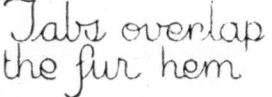

Tabs overlap the fur hem

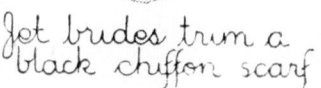

Jet brides trim a black chiffon scarf

美しいドレスは
ハンガーに
かかっていても
当然美しいわ。
でもそれでは
何の意味もない。
着て肩にかけて、
腕や脚、
腰を動かして
みなければ

ココ・シャネル

1923年、ポーター・ウッドラフが『ヴォーグ』パリ版に寄せたシャネルのファッションショーのイラスト（左）。「まさに眼福」と称し、シャネルについて「優れたセンスを生まれ持つパリジェンヌが本領発揮」と記している。

社交舞踏会のイラスト（右）とともに、「ジャック・ポレル夫人はシャネルのガウンを選んだ・・・ティアマンテとクリスタルを身につけたスリムなモデルの1人」と『ヴォーグ』はレポート。

Chanel

1919年12月22日、1年程前に英国貴族と結婚していたボーイ・カペルが自動車事故で悲劇の死を遂げた。「彼の死によって私は打ちのめされた」とシャネルは何年も後に語った。「カペルを失って私は全てを失ったのよ」。その後シャネルは、端正な美青年でチャーミングだが財を失ったロシアからの亡命者、ディミトリ・パヴロヴィッチ大公を次の交際相手に選んだ。シャネルとカペルは1910年のパリで大公と既に知り合っている。後にパヴロヴィッチ大公は、シャネルに恋したことはなかったが、貧困に苦しみ、家族と豪奢な生活を失った苦境にあって彼女の「親身な態度」には「心打たれた」と語った。彼の日記には「その当時、大切なココより素晴らしい友人など見つけられなかっただろう」と記されている。

　シャネルに一番富をもたらした副業的商品、そしてシャネルの代表的な香水でもあるCHANEL N°5を生み出した調香師エルネスト・ボーを引き合わせたのもパヴロヴィッチだった。シャネルは1913年から自ブランドの香りを出したいと考えていた。フランソワ・コティがフランスで香水を売り出して成功し世界有数の富豪になった様を見ていたし、1911年にポール・ポワレが香水ブランドを創設し、長女の名にちなんで「ド・ロジーヌ」と名づけたフレグランスをクチュリエハウス初の香水として発売したケースも知っていたからだ。ポワレは1929年に資金繰りに行きづまって香水業もたたまざるを得なくなるのだが、1920年代初期、その香水は非常な人気を博していた。

　シャネルはN°5は自分の香水だと——自分が作り出したと主張して止まなかったが、パリの資料館ではN°5のオリジナルボトルの隣にパヴロヴィッチの写真が置かれており、その誕生には彼が一役買っていたことがうかがえる。ボーはパヴロヴィッチのモスクワ時代の古い友人であり、ロシア最大の香水メーカー、アルフォン・ラレー社のマスター調香師でもあった。ロシア革命後、ラレー社がフランス南部にグラース研究所を設立した際にボーが所長となり、そして1920年、モンテカルロでパヴロヴィッチと休日を過ごしていたシャネルと出会うのである。ボーは1914年にパヴロヴィッチの親族の女性のために作ったフローラルなオーデコロンを下地にしてN°5を完成させた。シャネルは大の花好きだったが、当時出まわっていたシングルノートの香りではなく、フローラルノートをいくつも重ねたオリ

ファーで贅沢にトリミングされた
シャネルのエレガントな
クロークとコート。
（イラストレーション＝
ポーター・ウッドラフ、1923年）

ジナルブレンドの香りが欲しいのだとボーに説明した。「バラの香りも鈴蘭の香りもいらないわ」と彼女は語った。「私は職人だから、複雑な構成の香りが欲しいの――パラドックスね」。「ひとつ確かなことがある」と香水のエキスパート、マイケル・エドワーズは初めてN°5をかいでこういった。「シャネルが望んだのは肌に残って香りが続き、彼女がデザインする服のように融通の利くパフュームだ」。ボーは10種類のサンプルを作ってシャネルに送った。彼は「1から5、20から24の2つのシリーズ」だったと回想している。最終的にシャネルはN°5――バラ、ジャスミン、イランイラン、サンダルウッドから作られていた――を気に入った。ボーは「あまりに高くついて」真似られない処方にするのがコピー商品を封じる予防策だ、と主張した。シャネルは「それでいいわ――世界で一番高価な香水にしてちょうだい」と答えた。彼女には香水のための予算があった。ボーイ・カペルの遺言によって4万ポンド（現在の100万ドルに相当する）の遺産が残されており、そこからボーに報酬を払ったのだった。処方が完成した時、ボーは「名前はどうするのですか？」とシャネルにたずねた。「サンプルのN°5という名前をそのまま残しましょう――幸運を運んでくれるはずよ」、彼女はこう答えたという。

「セム」の名を持つ画家、ジョルジュ・グルサによる風刺画。「香水瓶の中の公爵夫人」と添えてCHANEL N°5の瓶の中にココを描いている。

シャネルには月の5日にクチュールコレクションを発表する習慣があった。5という数字を好む癖は、オーバジーヌで送った学生時代に由来するという説もある。ティラー・J・マッツエオによればオーバジーヌでは「数秘学が重要視され、5は物事の純粋な体現、スピリットと神秘的な意味を象徴していた」という。さらにリーサ・チャニーはシャネルの星座が獅子座すなわち5番目の星座だったことを指摘し、「ジンクスの本当の由来はさておき、彼女は5という数字が幸運をもたらすと固く信じていた」と結んでいる。

N°5の伝説的な四角く角張った透明な小瓶が生まれるには、デピノワ・ガラス製作所の経営者であり香水瓶の有力なプロデューサーでもあったモーリス・デピノワが一役買っている。デピノワの娘ジャニーヌによると、大戦前の時点でデピノワが手を貸していたという。ミニマルな外観はシャネルの「お金をかけたシンプルさ」というファッション哲学に忠実であったし、目指す方向が明確だったばかりか（フランソワ・コティが打ち出した「小美術品」的容器へのアンチテーゼだった）、

Je le déclare sans vergogne
Il n'y a rien de moins coco
Qu'une toilette de Coco
Parfumée à l'eau de Coco...
De Coco... de cocologne

Marquise de la Flaconnerie

時代を超えた美しさを備えていた。

　シャネルは香水ボトルを100本持ってパリに戻ると発表に先んじてステルス戦略を実行し始めた。「あの香水って？　どの香水のこと？」と、N°5の瓶を渡しておいた上得意客の何人かがもっと欲しいというと、わざと驚いて聞き返した。クライアントには絶対の秘密にしつつ、売り子たちにはブティックのフィッティングルームに香りを「くり返しスプレー」しておくよう命じた。シャネルの計画——ボーが大量生産できるようになるまで顧客をじらし、N°5の需要を高めておく——は大当たりだった。N°5は「ゴールデンリキッド(金色の液)」と呼ばれてシャネル帝国の「宝」となった。フランス政府によれば現在でも30秒ごとに1本の瓶が売れている。ピエール＆ポール・ヴェルテメールのバックアップによってシャネルが1924年に創業したParfums Chanel社のN°5年間売上げは1億円である。ここでボーは30年間テクニカルディレクターを務めた。シャネルのために他の香水もいくつか調香し、その多くが成功を収めたが、どれもN°5の売り上げやアイコニックな地位には届かなかった。ブルジョワコスメティックスの経営者でもあるヴェルテメール家はN°5の一手販売権を握り、後にシャネルのクチュールハウスを支配することとなる。

シャネルとの関係が深まるにつれ、パヴロヴィッチは目立たぬようにシャネルのそばで働くようになった。彼が橋渡しをし、ボルシェヴィキ革命後にロシアからパリに逃げた亡命者が幾人もハウス・オブ・シャネルに職を得た。ロシアの若く愛らしい女性は売り子やモデルとして働き、黒海北岸に位置するウクライナ共和国クリミアの前統治者であるクトゥゾフ伯爵はカンボン通り31番地のドアマンから営業支配人にまで上りつめた。

　　　　　'私は職人だから、
　　複雑な構成の香りが欲しいの——
　　　　　　パラドックスね'

　　　　　　　　　　　　　　　　　　ココ・シャネル

1920年代初頭、シャネルのオートクチュールコレクションのコンセプトはパヴロヴィッチの錚々（そうそう）たる親族とその祖国に大きな影響を受けた。シャネルは彼の姉マリア・パヴロヴナ大公妃の手を借りてコレクションの着想を得た。特にスラヴ文化が色濃く反映されたクチュールラインはしばしばロシアンコレクションとも呼ばれ、シャネルの服飾業において革新的なビアリッツコレクションに次ぐ重要な成功とされている。ロシアのフォークロアや芸術、宝石細工のモチーフに影響を受けたエキゾチックで壮麗なデザインによって、シャネルは主要なパリのファッション勢力として押し上げられ国際的に認められるに至った。

　パヴロヴナは愛する弟を追ってパリに来たものの困窮していたが、シャネルに雇われることでその日暮らしの生活（とパヴロヴナ自身が認めている）から辛くも逃れることができた。パヴロヴナの回想によると、手当てに不満たらたらの針子よりも少ない給金でシャネルのために働いていたが、ある時その針子がシルクブラウスに模様を機械刺繍するコストについてシャネルと言い争っているのを耳にした。シャネルはパヴロヴナに「機械刺繍はできる？」とたずねた。「全然できないわ」とパヴロヴナは答えたが、彼女はニードルポイント刺繍の名手であり、芸術についても造詣があった。そしてパリの最貧困地帯の1つにある、「窓などなくて照明も乏しく」、「ほこりと油の臭いがする」工場の中でパヴロヴナは1ヵ月かけて機械刺繍を習得した。1922年1月には「3人のロシアの少女」と義母の助けを借りてフランソワ・プルミエ通りにキットミールという名の工房を構えた。後に彼女は「私のスタッフは完全な素人」で構成されていたと記している。

次ページ　1925年、『ヴォーグ』はミッドナイトブルーのジョーゼットクレープのデイドレスを取り上げている。「非の打ち所のない素晴らしいテイスト、金糸と小粒真珠の刺繍、ロマノフ家所蔵の美しいネックレスをもとにロシアのマリア大公妃がシャネルのためにデザインしたモチーフには、輝くカラーストーンがあしらわれている」（イラストレーション＝ダグラス・ポラード）

　条件は悪かったが、キットミールはロシアをモチーフにした1922年のコレクションの刺繍をやりとげた。発表直前、パヴロヴナはシャネルのスタジオの隅に座って午後を過ごし、シャネルがブラウスやチュニック、コートを「彼女自身の手で」仕上げる姿を見ていた。シャネルは「あるフィッターとだけ仕事をするのを好んだ。白髪で眼鏡をかけた無愛想な年配の女性で、女主人に犬のように献身する人だった」とパヴロヴナは語っている。

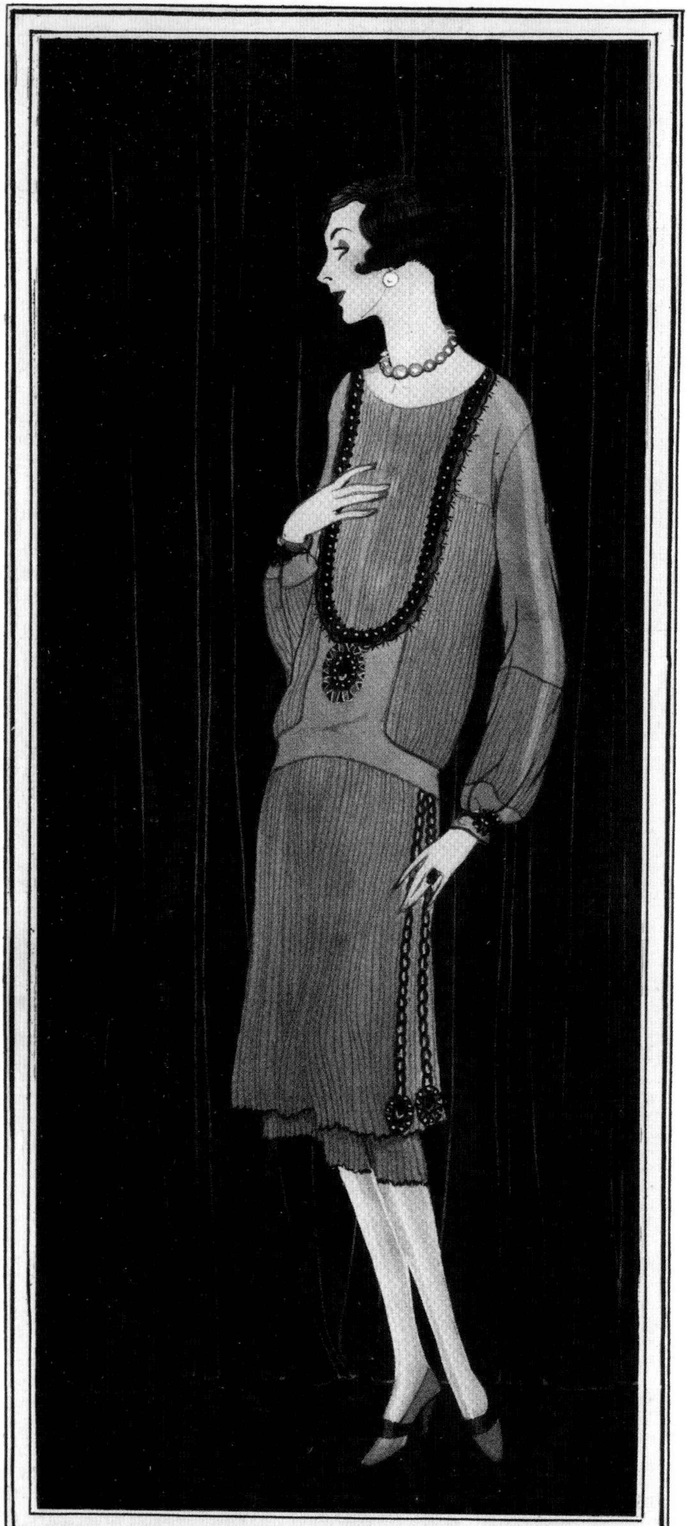

'バイヤーが
くり返し
刺繍について
たずねるのを
耳にした。
彼らは
その斬新さに
興味津々だった'

マリア・パヴロヴナ大公妃

シャネルは従業員だけではなく自らにも厳しい要求を課すことで知られていた。デザインの下書きはせず、直接布地を体にあてて作業をし、満足のいくまでモスリンをピン留めしたりカットしたりして四苦八苦しながら型紙を作る。そこで初めて本来使うファブリックで服を仕立てるのである。「人台となるモデルは1人ずつ呼ばれ、肌も露わな姿、または半裸姿で時には何時間も待たされた」パヴロヴナは記している。「シャネルは熱中するとこちらを切り取り、あちらをピン留めし、背を反らして眺めては効果を確かめ、まわりなど目に入らぬ様子でしゃべりつづけた。本当に素晴らしい作品を生み出すのは、締め切りギリギリの数日というプレッシャーを背負っている時だった」。コレクション発表前の通しリハーサルでシャネルは「最終的なチェック」を行った。そこでもいくつかの作品が「容赦なく切り捨てられた」とパヴロヴナは当時を語った。そして1922年2月5日の3時間にわたる発表は大成功に終わった。「バイヤーがくり返し刺繍についてたずねるのを耳にした」とパヴロヴナはふり返る。「彼らはその斬新さに興味津々だった」

　1923年を通してシャネルはスラヴ風のデザインを数多く送りだした。ベルトのついた長いルバシカ風ブラウス、海軍制服に着想を得たジャケット、横縞のシニアシュカ風アンダーシャツ、セクシーなレザーベルトを腰に下げたカーキのペザント風アンサンブル等である。同年ドーヴィルでは、騎兵が着る伝統的な上着を思わせるペリース（ジャケット風マント）等の、ファーを押し出した発表会を開いた。練り歩くロシア人モデルたちが「あまりにあっさり着こなしていて、リッチな服が普段着のように見えた」とエドモンド・シャルル・ルーは記している。マヌカンらはディミトリに出会うたびに「陛下」と呼んでその手にキスし、フランスの聴衆をひどく驚かせた。

　シャネルはコレクションに様々なファブリックを用いたが、ジャージー素材──ウールとコットン、そしてシルクでリッチ感を高めることも多かった──は引き続きシャネルの顔だった。定番は質素な色使いだったものの、イヴニングウェアには淡いローズピンクと濃いバーガンディレッドを合わせたりもした。シルクのコサージュも彼女の服を愛らしく彩ったが、これは後に彼女のレパートリーの1つとなるカメリアピンに発展する。

1920年のシャネル製ドレス。裾にはスラッシュフリンジをあしらい、ロシアの服に着想を得たファーで縁取ったケープを羽織っている。

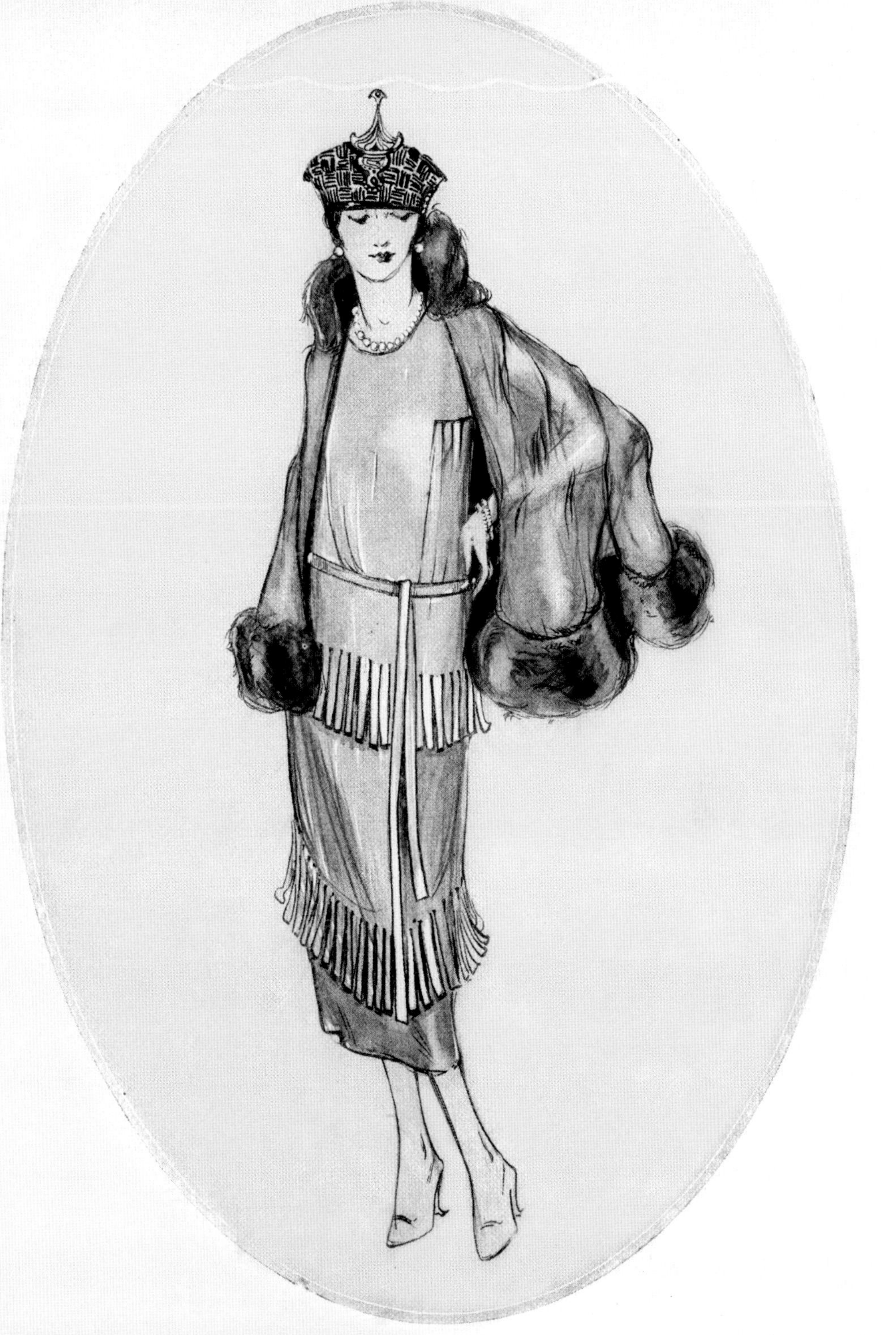

VOGUE ON ココ・シャネル

ファッションは建築。比率が重要なの

ココ・シャネル

「シャネルがバルカン諸国から持ちこんだのは刺繍だけではない」。『ヴォーグ』は1922年にこう記した。ロシアにヒントを得た左のブラウスも一例だが、服のラインそのものも影響を受けていた。
（イラストレーション＝レナルド・ルーザ）

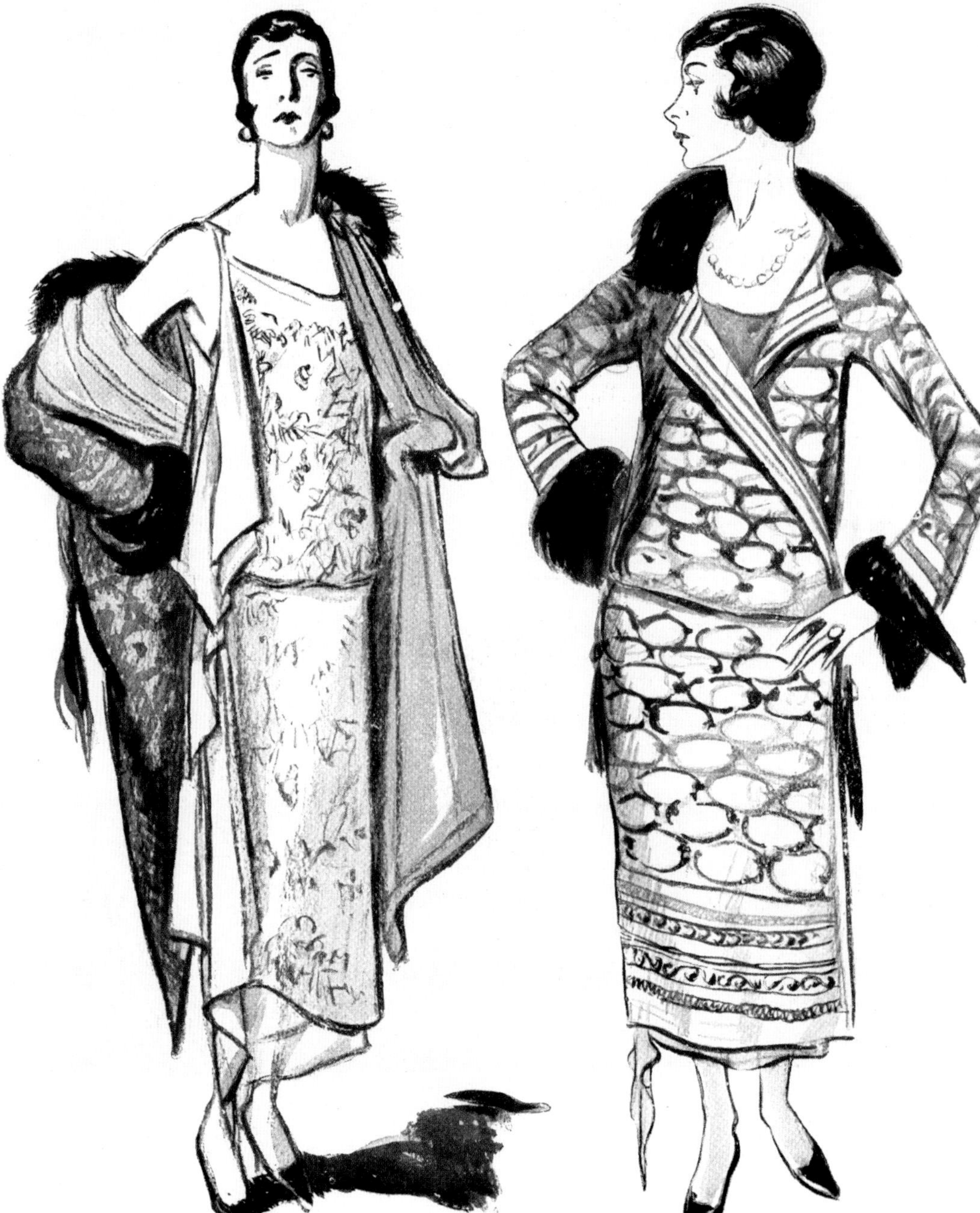

シャネルが初期に送りだしたコスチュームジュエリーのデザインは、その大半がロシア皇族パヴロヴィッチの出自に大きな影響を受けている。彼の母親は出産時に亡くなり、パヴロヴィッチは彼を引き取って育てた伯母のエリザヴェータ・'エラ'・フョードロヴナ大公妃から贅をこらした宝石コレクションを相続した。その中には「長いイレギュラーチェーン」の金のネックレス、小さなルビーを散りばめ「ロープのようにねじった」15連のネックレス、32連の真珠のネックレスなどがあった。フランス亡命時に彼が携えてきた貴重品はロマノフ王朝に伝わる宝飾品のみだったが、それをシャネルに贈ったのである。

パヴロヴィッチとシャネルは婚約間近と噂されたが、彼女の伝記作家の１人ピエール・ギャラントは、３年ほど交際した後にシャネルが「大公から望むもの全て——上流階級からの社会的評判、メゾン・ド・クチュールの裕福な得意客——を得て、彼に興味を失った」と記している。

ただし、実質的にシャネルを次の恋人へとプッシュしたのはパヴロヴィッチだったようだ。1923年、シャネルとパヴロヴィッチはモンテカルロのリヴィエラ宮殿でクリスマス休暇を過ごしていた。ある晩、２人は第２代ウェストミンスター公爵ヒュー・グローヴナーとひと時を共にし、伯爵は港に停泊させていたヨット、フライング・クラウド号での夕食に彼らを招いた。年若いロシアの恋人とは対照的に、英国王ジョージ５世の従兄弟にして'ベンダー'と呼ばれるグローヴナーは大富豪だった。その最初の結婚を報じた『ニューヨーク・タイムズ』は最も裕福な英国公爵でグレートブリテンでも指折りの素封家と評した程である。２番目の妻ヴァイオレットと離婚したばかりだったベンダーはヨーロッパ一女性の注目を集める未婚の男性であり、「金の公爵」と呼ばれていた。フライングクラウド号に乗りたかったパヴロヴィッチは招待を受けるようシャネルに強く勧めた。パヴロヴィッチのエスコートでシャネルは４本のマストをそなえたスクーナーの磨きたての白い甲板を歩き、戸口の上に彫られたシェルをくぐって奥のキャビンに足を踏み入れ、心を奪われたのだった。

シャネルは引き続き『ヴォーグ』が「シャネルの愛する刺繍」と呼んだ刺繍を前面に押し出した。これは緑のクレープデシン地のドレスと裏地を合わせたコート（左）と、「全体をマットな金色の模様で覆った」緑のクレープデシンコート。（イラストレーション＝ポーター・ウッドラフ）

次ページ　金色の布地に金色のレースとビーズ細工をあしらい、全体を埋めつくすように刺繍を施したイヴニングガウン。モデルはマリオン・モアハウス（詩人Ｅ・Ｅ・カミングスの妻）。（写真＝エドワード・スタイケン、1925年）

'贅沢は
　心地よくあらねば。
　さもなければ
　贅沢ではないわ'

ココ・シャネル

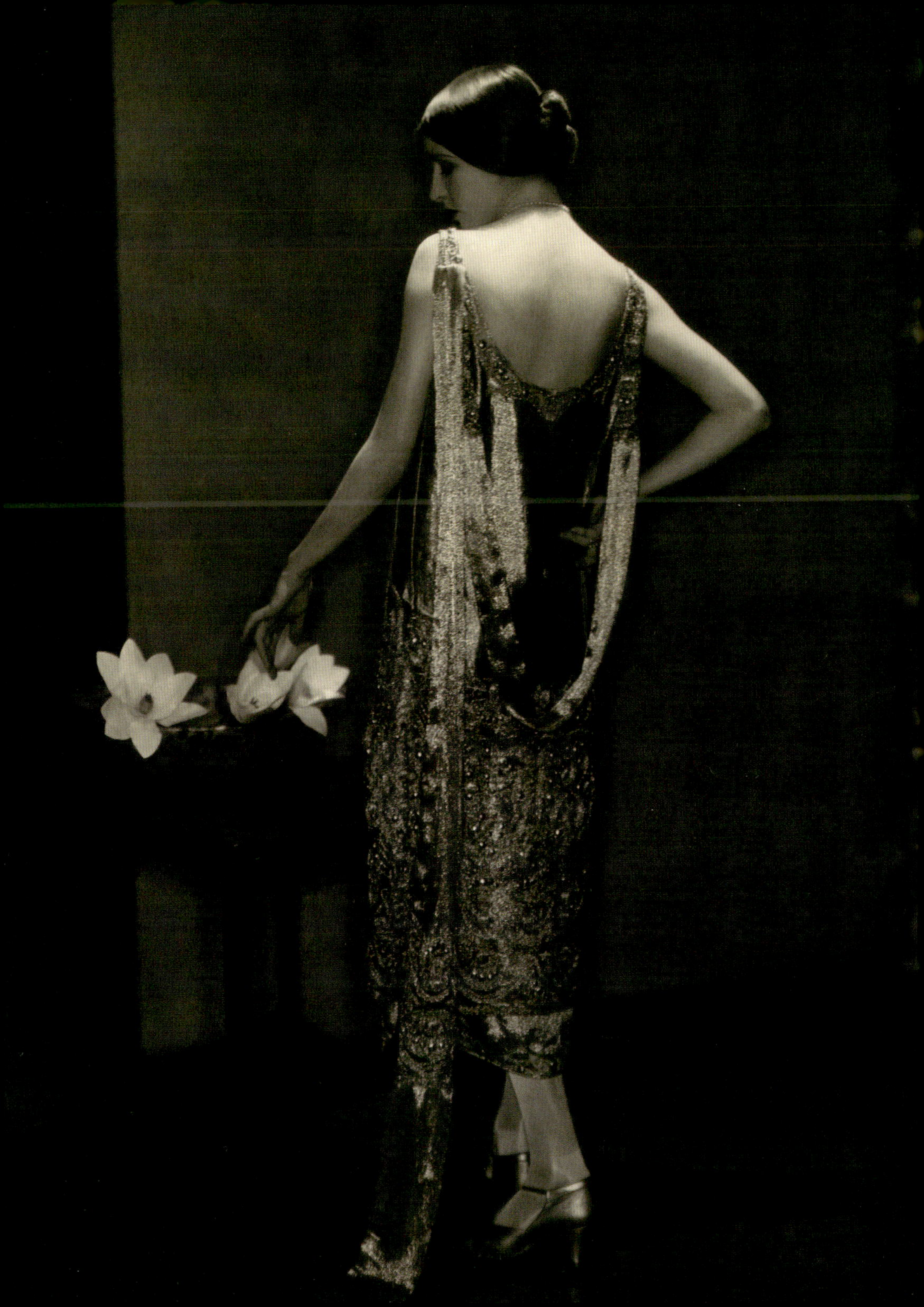

私が愛した男性と私のドレス、
どちらかを今すぐ
選ばなければいけないのなら、
私はドレスを選ぶ

ココ・シャネル

無頓着で豪華

ウェストミンスター公爵はすぐにシャネルに夢中になった。フライングハウス号の後甲板は英国カントリーハウス風のくつろいだ雰囲気にしつらえてあった。そこでシャネルのために雇ったジプシーオーケストラにセレナードを演奏させると、彼女は「いかにもフランス風で陽気に」喜んだのである。前の妻たちや彼と交流のある上流階級の女性たちと違い、シャネルは自分で財を成し経済的に独立していた。この点も公爵はいたく気に入ったのだった。公爵がフランス南西部ミミザンに持つチューダー様式の大邸宅シャトー・ド・ウールサックで猪狩りが行われた際も、シャネルは非の打ち所のない装いで参加し、見事に馬を乗りこなして見せ、公爵の客人たちを感心させた。

そしてシャネルの方もベンダーに抗いがたい魅力を感じ始める。彼から気前よくプレゼントが届き、彼女のライフスタイルは一変した――例えば公爵がチェシャーの農場から新鮮な野菜を詰めた大きな木箱を送ってきたことがあった。シャネルの執事が野菜を出すと、木箱の底からヴェルベットのボックスに収められたラフカットの大粒エメラルドが登場した。また公爵が生まれ持つ貴族然としたライフスタイルと英国文化はシャネルのデザインに新たな方向性をもたらした。

1924年のチェスターレースにて、シャネルとウェストミンスター公爵ベンダー。2人が一緒に写真に収まることはほとんどなかった。公爵と結婚しない理由をたずねられたシャネルは「ウェストミンスター公爵夫人は何人かいたけれど、シャネルは1人だけだから」と答えたといわれる。

1924年、シャネルの経営するコスチュームジュエリー工房は盛況で相変わらず素晴らしい作品を送りだしていたが、それまでのロマノフ王朝の宝石をベースにしたデザインに代わってベンダーから次々に贈られる宝飾品に着想を得たものが主流になる。ダニエル・ボットによればシャネルの「宝石に寄せる情熱は本物」で、宝飾品で着飾る新たなスタイルをいくつも考案した。1920年代の女性といえば一重の真珠が装いの定番だったが、シャネルはこれでもかとジュエリーをまとってベンダーのヨットに乗った。それはビーチでも同じだった。もしかするとそうせざるを得なかったのかもしれない――彼女の装飾品は高価すぎて保険をかけられないといわれた程で、外出の際は身につける他なかったのだろう。しかし、パリの自宅で、またはグロヴナー家が所有するイートンホール邸でベンダーとともに社交の夕べを過ごす時には全くジュエリーをつけないことも多かった。「美しい宝石ほどフェイクに見えるからよ」と彼女はポール・モランに説明した。「なぜ美しい石にうっとりするの？ いっそ小切手を首に巻くほうがいいんじゃない？」

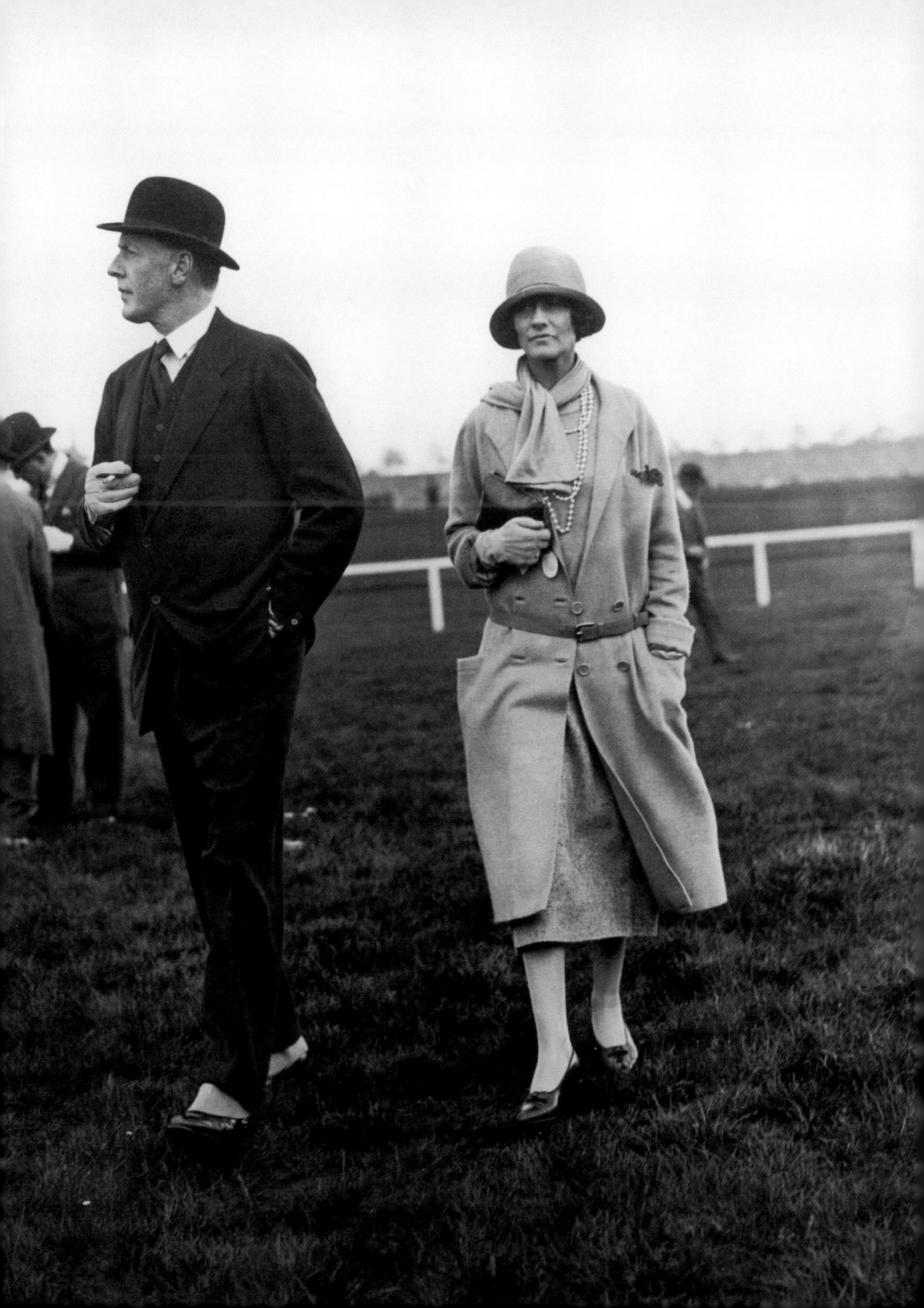

'私の真珠を
取ってきて。
真珠のネックレスを
つけてからでないと
アトリエには
行かないわ'

ココ・シャネル

Vogue

g. de Chirico

HOSTESS NUMBER · ONE SHILLING
JANUARY 8, 1936 (1)   THE CONDÉ NAST PUBLICATIONS LTD.

彼女のクチュールの特徴である無駄のないライン——『ヴォーグ』が「着こなしのうまい女性が好む、簡素なシフォン製ダンスフロック」と評したように——は、シャネルが好んだ力強いデザインの宝飾品を絶妙に引き立てた。それは本物の宝石でもビジュー・ド・クチュール——パリのクチュールハウスのために制作されたコスチュームジュエリー——でも変わらなかった。ちなみにコレクションにコスチュームジュエリーを最初に添えたのはポール・ポワレとマドレーヌ・ヴィオネである。フロランス・ミューレは、彼らが作品を「単に布地を縫い合わせたもの以上の何かにする必要がある」と考えたと記している。ただし「全体の調和を図る、つまりクチュリエの印を服のあちこちに少しずつ押していくようなやり方は臆病な試みに思えたの」とシャネルは語った。ポワレが1912年に発表した、コードにぶら下げたペンダントもそこに含まれるのだろう。

シャネルは「自らのコレクションとして独特の宝飾品をデザインし続け制作を委託する最初のクチュリエだった」とジェーン・ムルヴァは記している。また発表するタイミングも完璧だった。第一次世界大戦が起こり、賢明な富裕層は「戦争成金の妻が非愛国的で慎みのないことをしていると思われては困る、と高価な宝石を敬遠した」とムルヴァは記した——「そしてフェイクジュエリーを身につけることで女性は『囲われる』なんてまっぴらごめんと表現し、装いで自立を主張したのだった」

ベークライト——1907年に発売されたプラスティックの先がけの1つで、1930年代にシャネルの化粧品のパッケージに取り入れられた——に続き、プレキシガラスやアクリルが登場してパリュリエールの創作力を刺激した。パリュリエールとは、コスチュームジュエリーを作る熟練の職人グループの呼称である。彼らはパリの服飾を発信する中心地ル・マレに工房を構え、先頭をひた走るシャネルや後を追うパリの主なクチュールハウスにジュエリーを提供した。後にこの分野に君臨することとなる、幾人もの才能あふれるパリュリエールを真っ先に雇ったのもシャネルだった。そんなパリュリエー

前ページ　シュールレアリスムの画家ジョルジョ・デ・キリコによる絵。「女性の余計な荷物：シャネルのシックスティーンボタンの手袋、（キルトの）バッグ、ツイストチョーカー」。1936年の『ヴォーグ』1月号表紙に使われた。

「ココ・シャネルの手」のポートレート。ファブリックの反物の上に置かれ、デザイン用鉛筆を持っている。いつものようにジュエリーで飾られている。（写真＝アンドレ・ケルテス）

次ページ　ファッションと同じく、シャネル自身が彼女のジュエリーの最高のモデルの1人だった。ここでつけているのはシャネル定番のカラーストーンを散りばめたマルタ十字付きブレスレット、そしてもちろん幾重もの真珠のネックレス（左）。（写真＝セシル・ビートン）シャネルのコスチュームジュエリー、ビジュー・ド・クチュールは彼女自身のコレクションをベースにしたものも多い。このイラストのダブルカラーのネックレスとブレスレットのデザインも同様（『ヴォーグ』、1939年、右）。

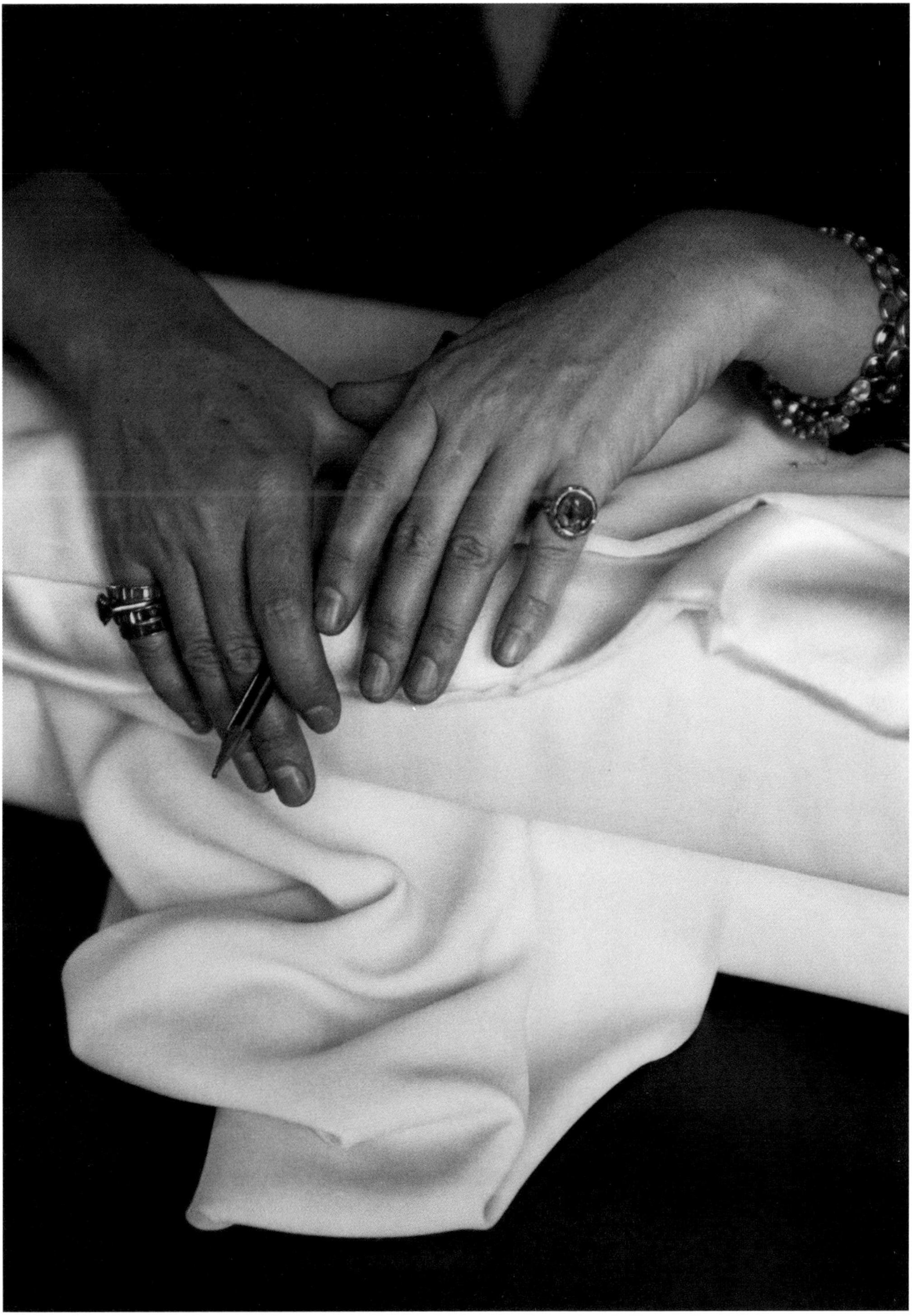

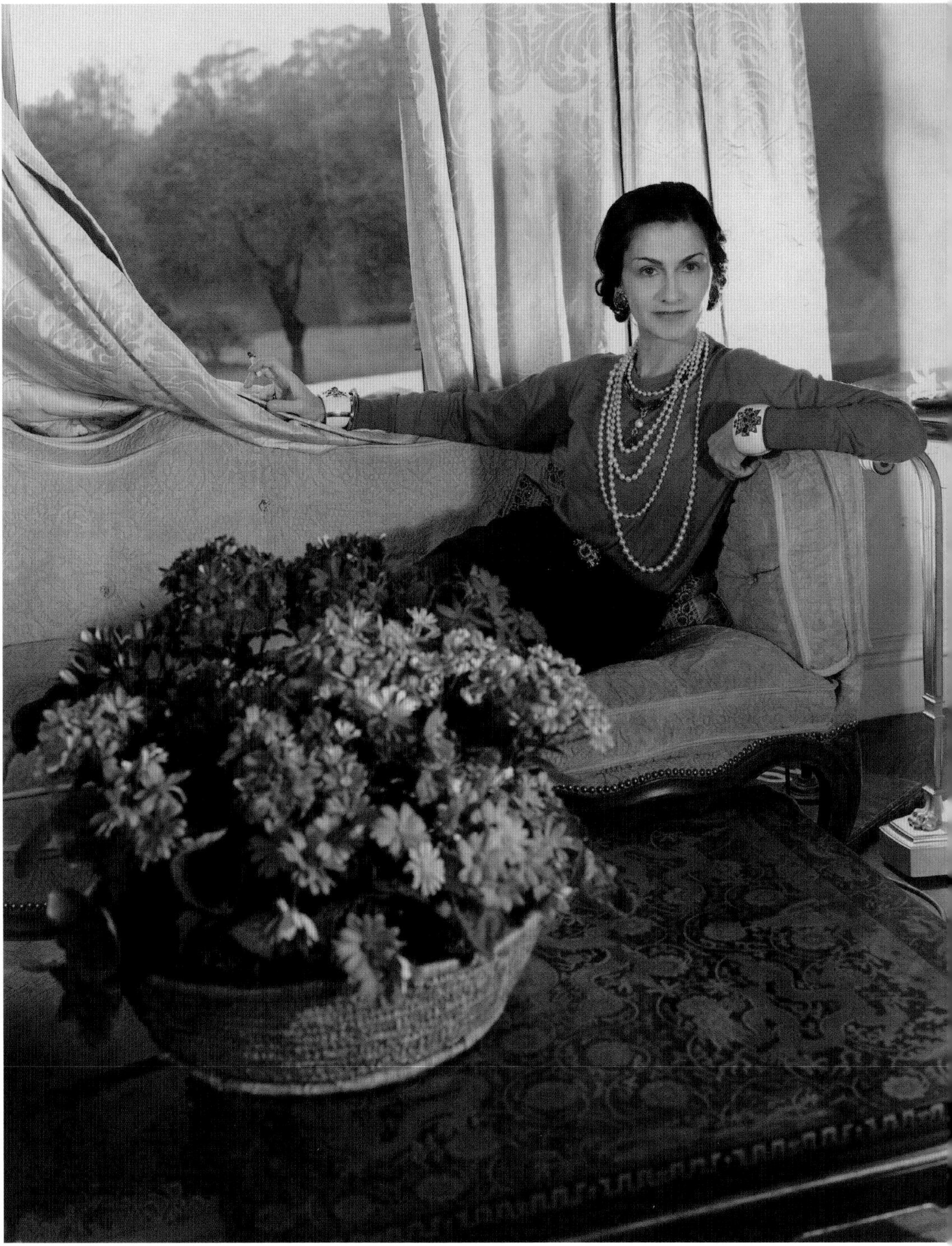

Chanel's double collar of coloured stones is copied from her own necklace of real rubies, emeralds and pearls

Rubies and emeralds (bogus) bunched on Chanel's jointed gold bracelet. There's a matching necklace

Dressmaker designed—

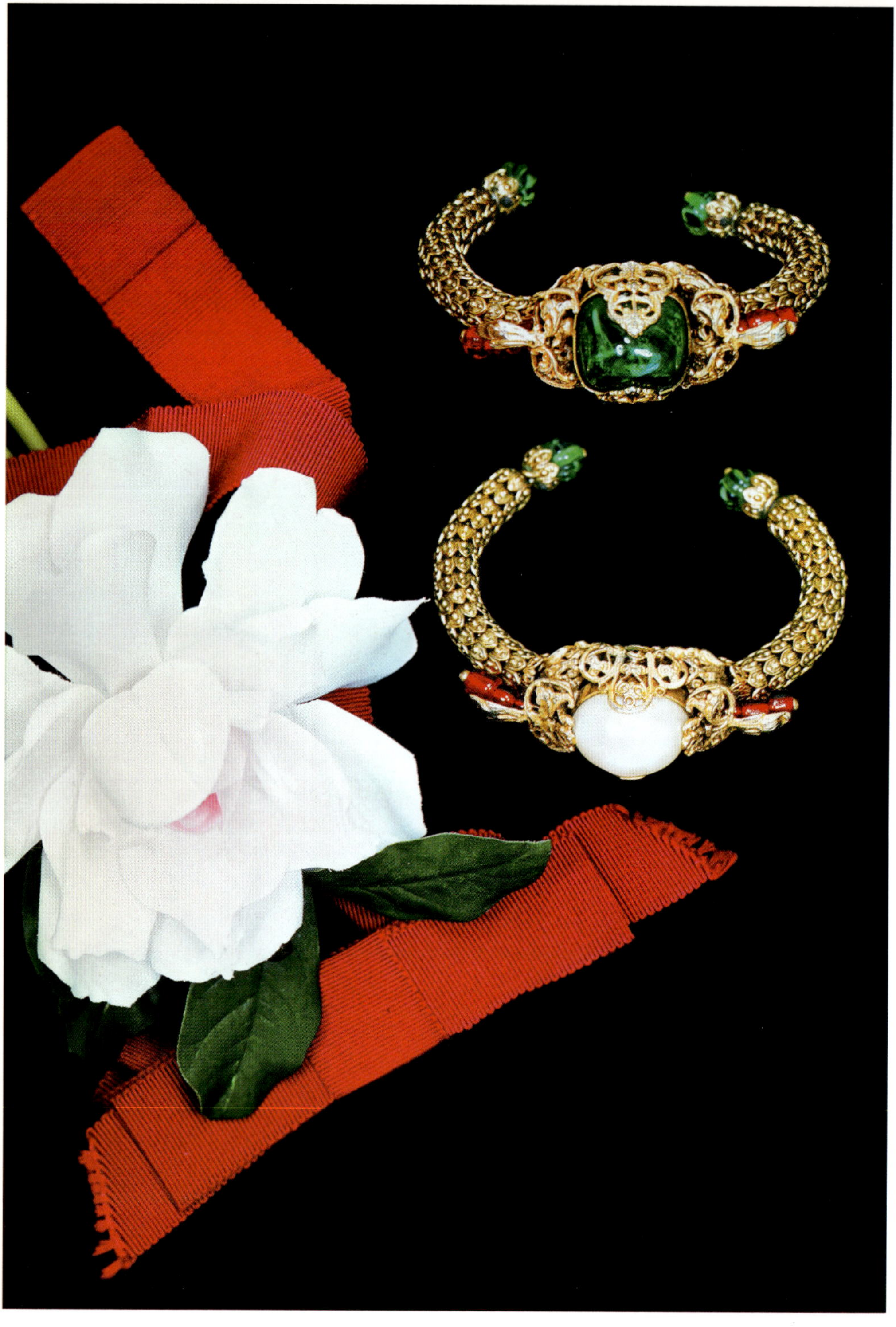

ルの1人がジョルジュ・デリューで、当時ヴィオネがデザインしたバイアスカットのシルクガウンに添えるジュエリー付きボタンとベルトを手がけていた。

　もう1人、エティエンヌ・ド・バーモン伯爵というパリュリエールも1924年にシャネルのジュエリー工房の経営者として雇われている。彼はアートコレクターであり、評判よろしくない仮装パーティの主催者でもあった。後にエルザ・スキャパレリとクリスチャン・ディオールの装身具のデザインを手がける人物である。シャネルは、バーモンが友人である上流社会のレディ達に贈るために注文したメゾン・グリポワのジュエルがいたく気に入り、このパリの老舗の創始者であるオーギュスティーヌ・グリポワに自らの最初のコレクション制作を依頼した。

　グリポワは1869年創業、パート・ド・ヴェールという古いエナメル技術を甦らせた工房である。この技術には、ガラスを溶かして独特の色に発色させ、金枠に流し込むという非常に細かい手作業が伴う。シャネルはグリポワとコラボレーションする時は決まった手順を取った。カンボン通りのスタジオから人目につかないアパートメントにこもり、サロンに置いたベージュのスエードを張った大きなソファにもたれながら、箱やボウルに入った数々のストーンをシノワズリーのコーヒーテーブルの上で並べるのである。「寸暇を惜しみ、会話中でもトレーを前に置いて、柔らかいパテに何度も何度も並べ替えながらガラスストーンを埋めていた」とムルヴァは記している。

オリエントに着想を得たバングル。シャネルが発表したのは1960年代だが、時代を超えたデザイン。ビジュー・ド・クチュール以外にも、シャネルは生涯を通じて金または銀に宝石をはめこんだジュエリーをデザインした。1932年、彼女は「ビジュー・ド・ディアマン」と名づけた上質なジュエリーを世に送りだした──ほとんどがホワイトダイヤモンドを使ったプラチナの作品だったが、イエローダイヤモンドと金を合わせたものもあった。

　オーギュスティーヌ・グリポワの娘スザンナは12歳からシャネルの傍らでビジュー・ド・クチュール製作を手伝った。「シャネルの家でストーンを並べたものでした」とスザンナは回想する。「私が作って持っていくと彼女が直してくれて。参考にしなさいって本物の宝石を持たせてくれるので、盗まれやしないかと縮み上がってしまいました。するとこういうんです──『何いってるの、あなたが宝石を持ってるなんて誰も思わないわよ』」

'コスチュームジュエリーは女性に裕福な雰囲気を
まとわせるために作ったんじゃないわ。
美しくするのが目的よ'

ココ・シャネル

グリポワがシャネルのために製作した最初のコレクションは、ビザンティン様式に影響を受けた大ぶりのパート・ド・ヴェールのジュエリーだった。そのストーンの深い色合いは、ウェストミンスター公爵からシャネルに贈られた、希少なインドのエメラルド、ピジョンブラッド・ルビー、カシミールサファイアがはめこまれたそろいのブレスレットにヒントを得ていた。ムガル朝様式にモチーフを借りた大きな台はその後もシャネルのビジュー作品のテーマとなり、バーモン伯爵考案の、長い金色のチェーンにストーンを散りばめたマルタ十字を下げたペンダントは瞬く間に人気を博してベストセラーとなったが、今なおシャネルの定番である。

しかしガブリエル・グランドルが「ビジュー・ド・クチュールのグランド・ディム」と呼んだシャネルの地位を不動のものにしたのは真珠だった。真珠は遙か昔から女性の力を主張する装飾アクセサリーとされている。エジプトのクレオパトラ7世は見事な天然真珠を見せつけるように耳たぶにつけ、首に巻き、チュニックに縫いこみ、黒髪に編みこんだ。エリザベス1世は1度に7本もの真珠のネックレスをかけ、中には膝まで届く長さのものもあった。シャネルはルネサンス時代の絵画に描かれた東洋の真珠を賞賛して止まなかったし、エラ大公妃の持ち物だったロマノフ朝の真珠を身につけると自分に威厳が備わることも気づいていた。かつてシャネルはアシスタントにこう告げた――「私の真珠を取ってきて。真珠のネックレスをつけてからでないとアトリエには行かないわ」

1925年には「パリの誰もがシャネルのグリポワパールのネックレスを身につけていた」とクリスティン・ホワイトは姉のカーメル・スノーに伝えた。当時カーメル・スノーは米国版『ヴォーグ』のファッションエディターを務めており、自らも「人工パールを幾重にも」まとうようになった。シャネルのフェイクジュエリーがこれほど愛されたのは時代に左右されない逸品であったことはもちろん、その職人技ゆえである。グリポワは革新的な光沢技術を施し、人工パールは本真珠のような金色の光彩を帯びた（N°5の処方が秘中の秘だったように、グリポワの技法に使われる素材も極秘だった）。シャネルはデザインしたガウンを引き立て、シルエットがほっそり長く見えるようにグリポワのパールネックレスの長さにも配慮した。

1925年の「黒いムースリーヌ・ド・ソワ（シルクのモスリン）製の優雅なフロック」のイラストレーション。長い真珠のネックレスを背中に下げるシャネルのスタイルが描かれている。

次ページ　大粒のストーンを散りばめたブレスレット、目を引く真珠のブローチ、そして帽子には大きなストーン。『ヴォーグ』の「英国と違ってフランスの女性は30歳を過ぎても輝きを失わない」と銘打たれた記事の写真。

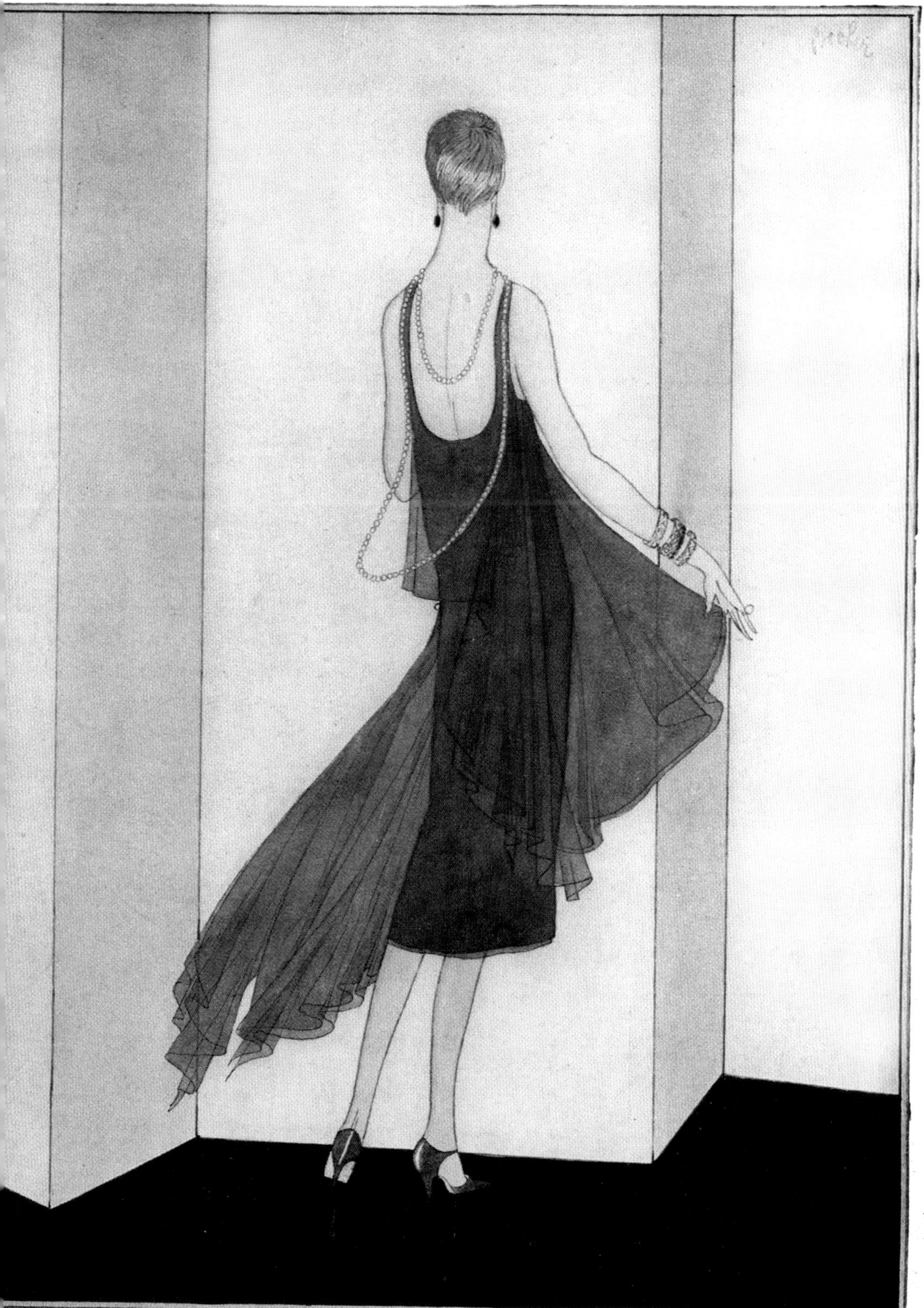

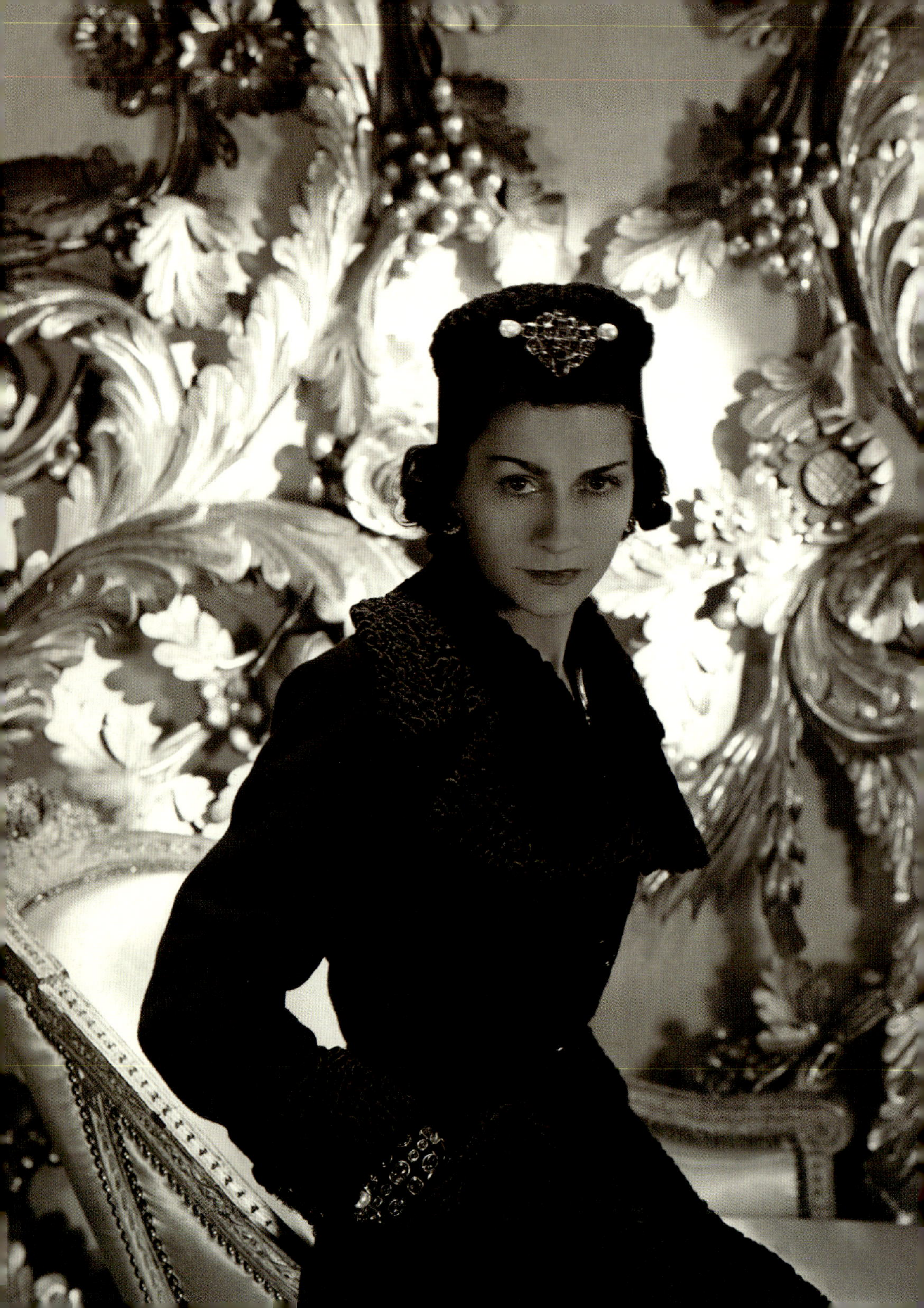

'装い、
何という科学！
美しさ、
何という武器！
慎み、
何というエレガンス'

ココ・シャネル

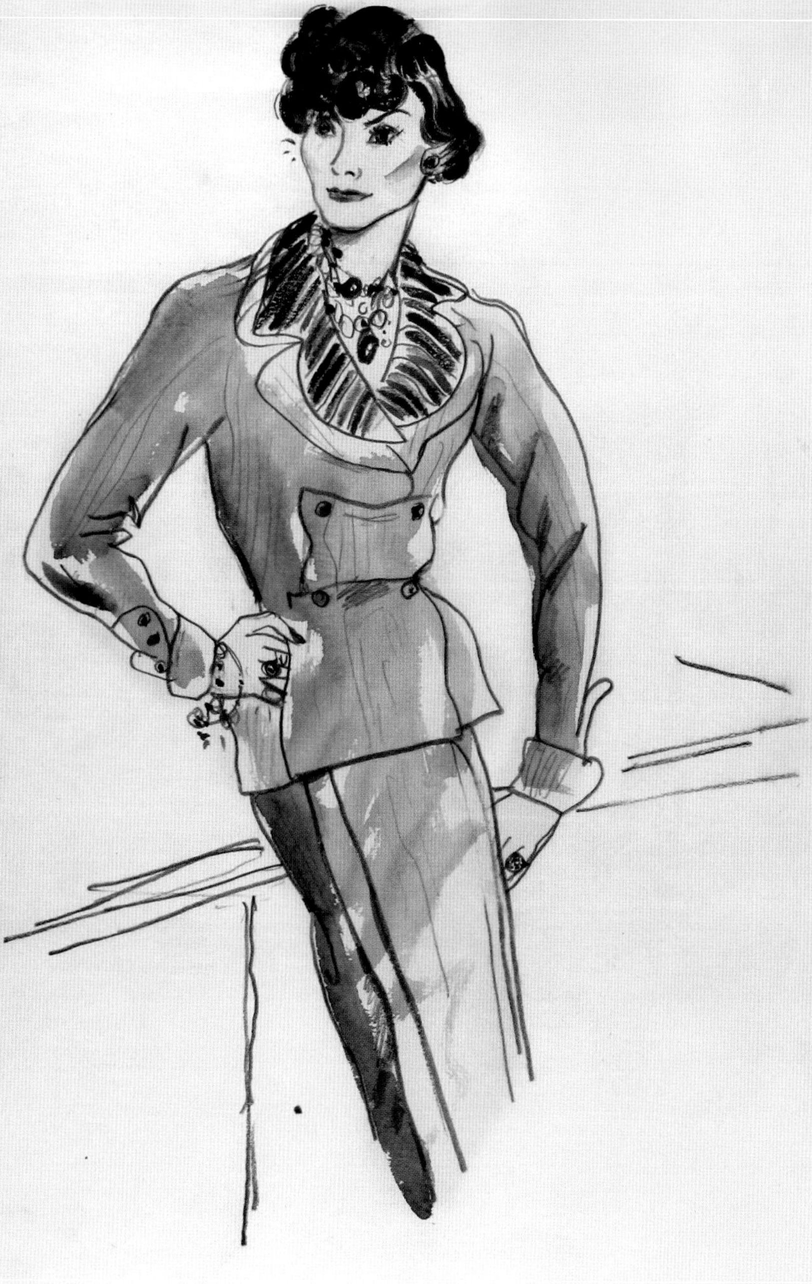

シャネルはスーツまたはドレスに宝石と安価な模造品を組み合わせ、ジェーン・ムルヴァが「無頓着で豪華」と表現したスタイルを生み出した。一方『ヴォーグ』は読者にシャネルのパールをつけるなら色は「ピンク、青、アーモンド、グレー」を、そして絶対に「本物と間違われない」大きなものを、とアドバイスした。ニューヨークのデパート、サックスフィフスアヴェニューはシャネルが米国市場向けにプロデュースした赤、白、青のパールをそろえていた。

ディアギレフが主催するバレエ・リュスのプリンシパルダンサー、リディア・ソコロヴァによれば、グリポワの大きなパールを埋めこんだシャネル製イヤリングは「いたる所で見かけられ」そして「スマート」だった。彼女はこの新たに流行り始めたばかりのアクセサリーのペアをいち早くつけて『ル・トラン・ブルー（青い列車）』に出演した。舞台はパリのシャンゼリゼ劇場で1924年6月に初演を迎えて批評家の賞賛を浴びた。ストーリーはジャン・コクトー作、スポーツをテーマにしたもので、ブロニスラヴァ・ニジンスカが振りつけ、ピカソが緞帳の絵を描いた。シャネルは衣装としてジャージー素材の水着、テニスウェア、フェアアイルのジャージーとプラス・フォアーズ＊をデザインした。座席でリハーサルを見守る彼女の横にはウェストミンスター公爵の姿があった。

シャネルは値段がつけられないほど高価な宝石とコスチュームジュエリーを組み合わせた。（イラストレーション＝セシル・ビートン、1995年）

2人の関係が深まるにつれ、ベンダーは頻繁にパリを訪れてシャネルをオペラにエスコートした。しかし、この貴族のスポーツマンは彼女が属する前衛的な芸術サークルには興味を持てずじまいだった。そこでシャネルが「できる限り」イングランドに行った、とエドモンド・シャルル・ルーは記している。彼女は公爵の秘書について英語を習ったという。さらにクチュールハウスをあけるストレスを軽減するためイートンホールには仕事場が設置され、パリのアトリエから連れてきた針子まで置かれた。

レスリー・フィールドによれば、公爵が先祖から引き継いだ館の女主人として——1926年、公爵と2番目の妻の離婚が成立した時に引き継いだ役目——シャネルは長い週末の間ずっと「50〜60人の招待客であふれる王族たちの舞踏会」のもてなしをこなしたという。シャネルはサザランド北西にある公爵の広壮なロッジ、リーアイフォーレスト・エステートを囲む未開の原野も満喫した。当時財大蔵大臣だったウィンストン・チャーチルと連れだってフライフィッシングにも行った。チャーチルは——ベンダーとチャーチルはブール戦争で南アフリカに駐在していた際に

＊スポーツ用として使われた男性用ニッカーズ

親しくなった──ミミザンで週末を過ごした後に自ら「有名なココ」に「すこぶる好意を」抱いた、と妻のクレメンタインに手紙を書き送っている。彼とシャネルは気が合い、固い友情を結んだ。どちらも非常にエネルギッシュだった。チャーチルは政治活動の合間に気晴らしとして執筆したり絵を描いたりし、毎晩たった5時間の睡眠で日々を送っていたが、シャネルがベニー──彼は親しみを込めて公爵をこう呼んだ──にまめにつきあう様子に驚嘆していた。銃や釣り竿を置くや否や汽車に飛び乗ってパリの仕事場に戻るのである。「1日中精力的に狩りをした後、夕食を取ってから車でパリに戻る。今日は何人いるか分からないほどのモデルに服をあてて手直しする作業にかかりきりだ──しかも全部自分でやるんだ。ピン留めして、布を切って、布をまいて」とチャーチルはクレメンタインに伝えた。スコットランドからもこんな風にシャネルについて書き送っている。「朝から晩まで釣りをし、50匹のサーモンを仕留めた。とても愉快で素晴らしい、強い女性だ。男性と帝国を支配するのにふさわしい器量だ。ベニーは……おそらく……互角の相手と添えてすごく喜んでいる」

シャネルとウィンストン・チャーチル、チャーチルの息子のランドルフ。ミミザンの狩りにて。

シャネルはチャーチルや彼の息子のランドルフとの狩り姿は写真に収められているが、公爵と並んだ写真はほとんどない。しかし公爵の装いの特徴である洗練された節度感、粋でスポーティな風格は彼女のイマジネーションをかきたてた。「1926年から1931年の間、シャネルのスタイルは明らかに英国調だった」とエドモンド・シャルル・ルーは断言する。公爵のヨット着や彼の「完璧にプレスされて」いるが「使い古された」狩猟服にシャネルは着想を得て、アトリエから他とは一線を画す特徴的で豪華なスポーツウェアを送りだすようになり、全く新しい日中のスタイルを展開し始める。後にシャネルと公爵の関係は自然に消滅するが、彼の衣服哲学はシャネルのコレクションの幅を広げ、その中に永遠に生きつづけることとなる。

1920年代にシャネルのカラーパレットに加わったネイビーブルーは、フライングクラウド号の船員が羽織っていたツイル地のピーコートの色をヒントにしたものだ。航海中、シャネルは防寒用に公爵のコートを1枚拝借したことがあった。そしてこのコートにヒントを得て、金ボタンできらびやかに飾った豪華なコートを考案したのである。フライングクラウド号のヨット帽は形を変えてベレー帽となり、シャネルはパート・ド・ヴェールのブローチを添えて揚々と送りだした。そんな折

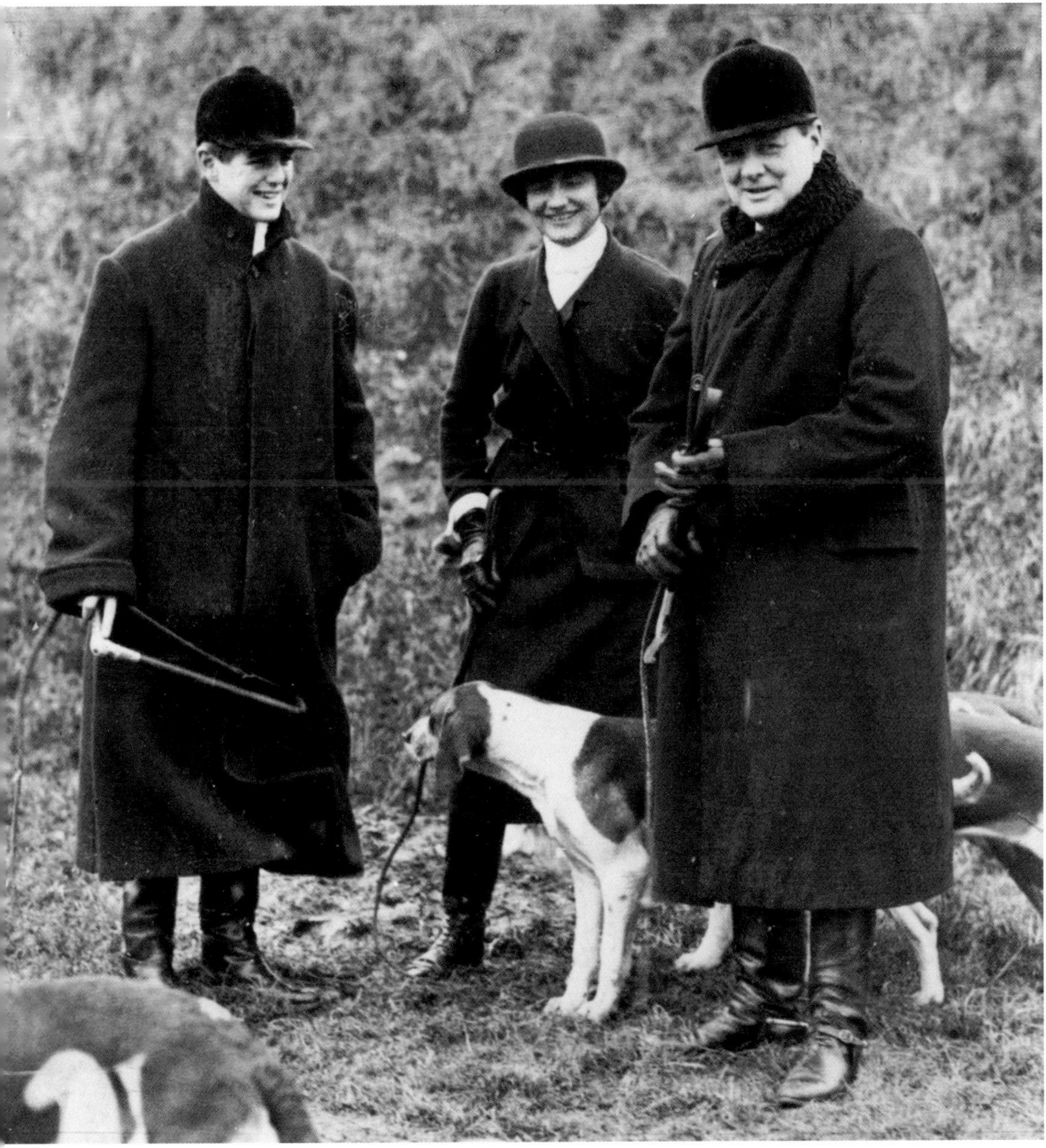

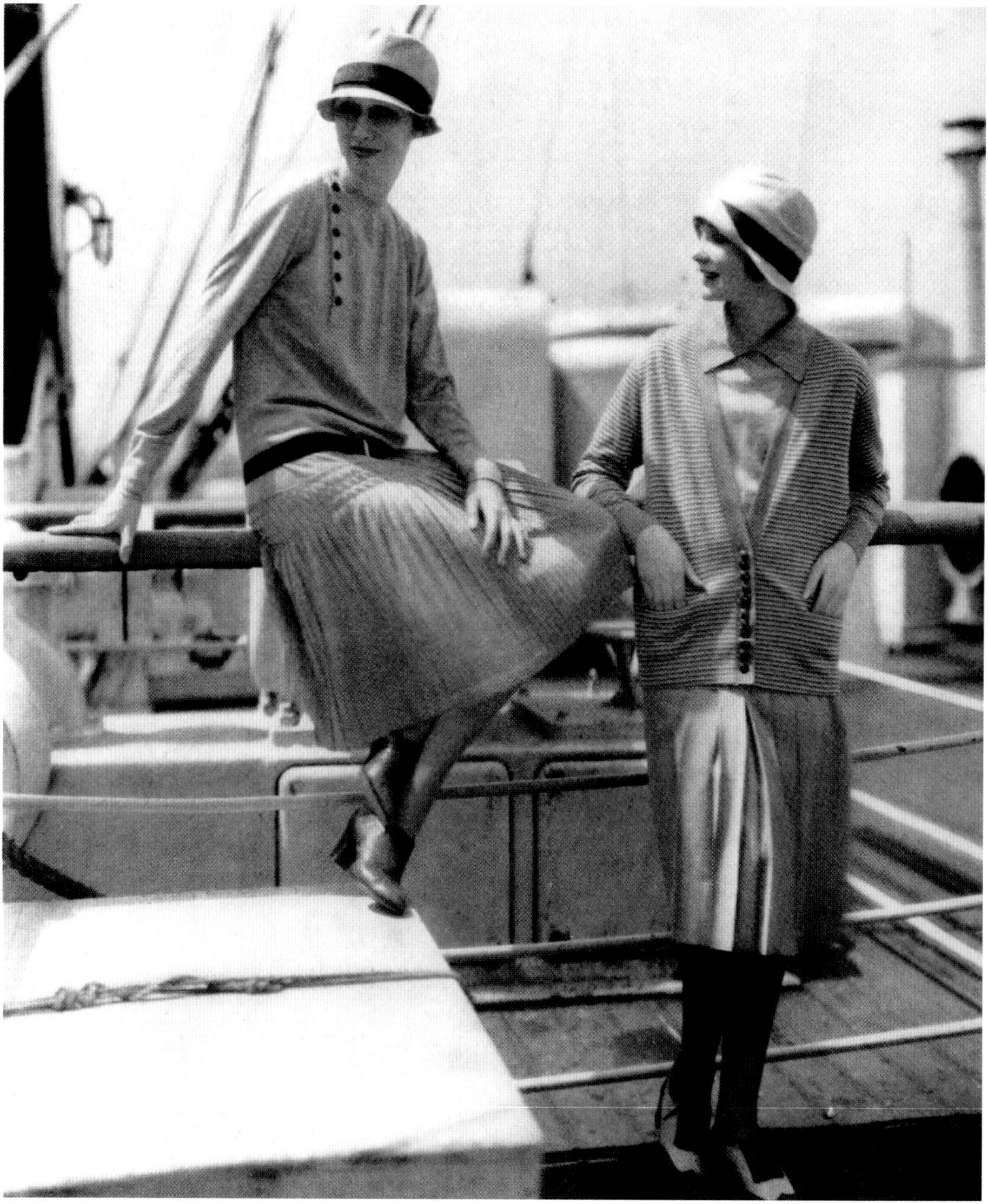

り、『ヴォーグ』も急に海を取り上げ始めた——少なくともそう見えた——クルーズウェアにヒントを得たシャネルのクチュールをまとい、ヨットの甲板でポーズを取るモデルたちの写真が載るようになったのだ。

公爵の狩猟用ジャケットを拝借して以来、シャネルはツイードにこだわって多用するようになった。彼女はカンブリア州の有名な工場の経営者ウィリアム・リントンと綿密な打ち合わせを重ね、伝統的なスコットランドの織物を女性にふさわしい豪華なアイテムに変身させた。リントン所有の19世紀に作られた木製織機で、極めて繊細で軽いウール——シャネル専用にパステルカラーとジュエルカラーに手染めしたもの——を布に仕立てたのである。こうして柔らかくしかも贅を凝らした、複数の色が入り混ざったツイードが完成した。このタイプの布は今もリントンの工場で伝統的な方法のまま作り続けられている。

シャネルが最初に製作したツイードのブレザーは腿丈で、プリーツスカートを合わせてあった。シャネルのロシアンコレクションでお目見えした、茶色いロースラングのレザーベルトをまとわせる場合もあった。落ち感がありながらもかっちりした形は、男性用スポーツコートとカーディガンのシルエットを融合させた結果、シャネルのトレードマークでもある襟なしジャケットに発展した。またシャネルは英国紳士用の伝統的な前ボタンジャンパーを女性のワードローブに取り入れており、「スポーツスーツには絶対欠かせないお供」と『ヴォーグ』は絶賛している。一方『ヴォーグ』1927年7月号には「スコットランドを旅するシックな装いのガイド」と銘打った日記風の記事が掲載され、シャネルの「セミスポーツ(ややスポーティ)」なベージュ、ブラウン、白の「ジャンパースーツ」を日中用の装いにふさわしい服として取り上げた。

1926年、フライングクラウド号の気風がシャネルのファッション展開を大きく左右した。「航海中」と銘打った『ヴォーグ』の記事。左はナチュラルカラーのウールジャージー製スポーツドレスにプリーツスカートとキッド革のベルトを合わせ、右はナチュラルカラーのジャージーセーターとそろいのシルクスカートにベージュと青のストライプのカーディガンを羽織っている。

次ページ　シャネルが1926年に発表したデザイン6例のイラストレーション。『ヴォーグ』は「ツイードは新しくスマートなワードローブに欠かせない」と評した。左から右に：凝ったベルトと白いピケ地の襟がついたベージュのツイードドレス、ベビーカーフ革で縁取ったグレーのツイードスーツ、アーミン毛皮を前面と袖にあしらったツイードコート、ルビー色のバックルを合わせたベージュのツイードコート、袖口にツイードを使ったベージュのジャージーブラウス、緑＆ベージュのチェック柄のそろいのスーツ。

オーダーメイド素材で仕立ててこそ彼女のクチュールには切れ味が加わることに気づいたシャネルは、パリ北西の郊外、アニエール＝シュル＝セーヌにトリコッツ・シャネルという織物工場を設立した。そこにクリエイティヴな若い顔ぶれを多数配置してファブリックを作らせるとともに未来のキャリアの基礎を築かせたのである。1930年代には、小説家ジュゼッペ・ディ・ランペドゥーサの従兄弟にしてイタリアの貴族フルコ・ディ・ヴェルドゥーラもシャネルの元で働いている。

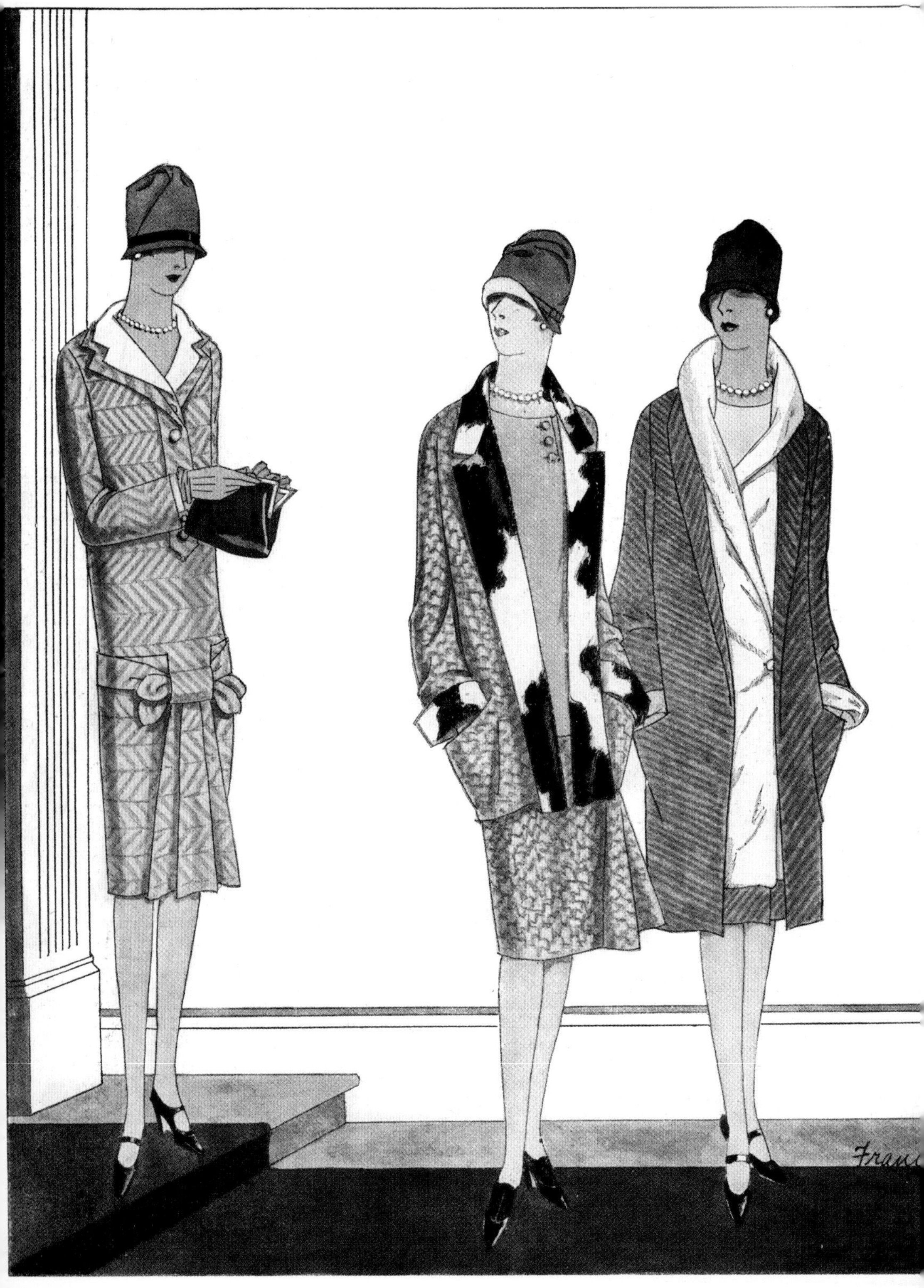
Franc

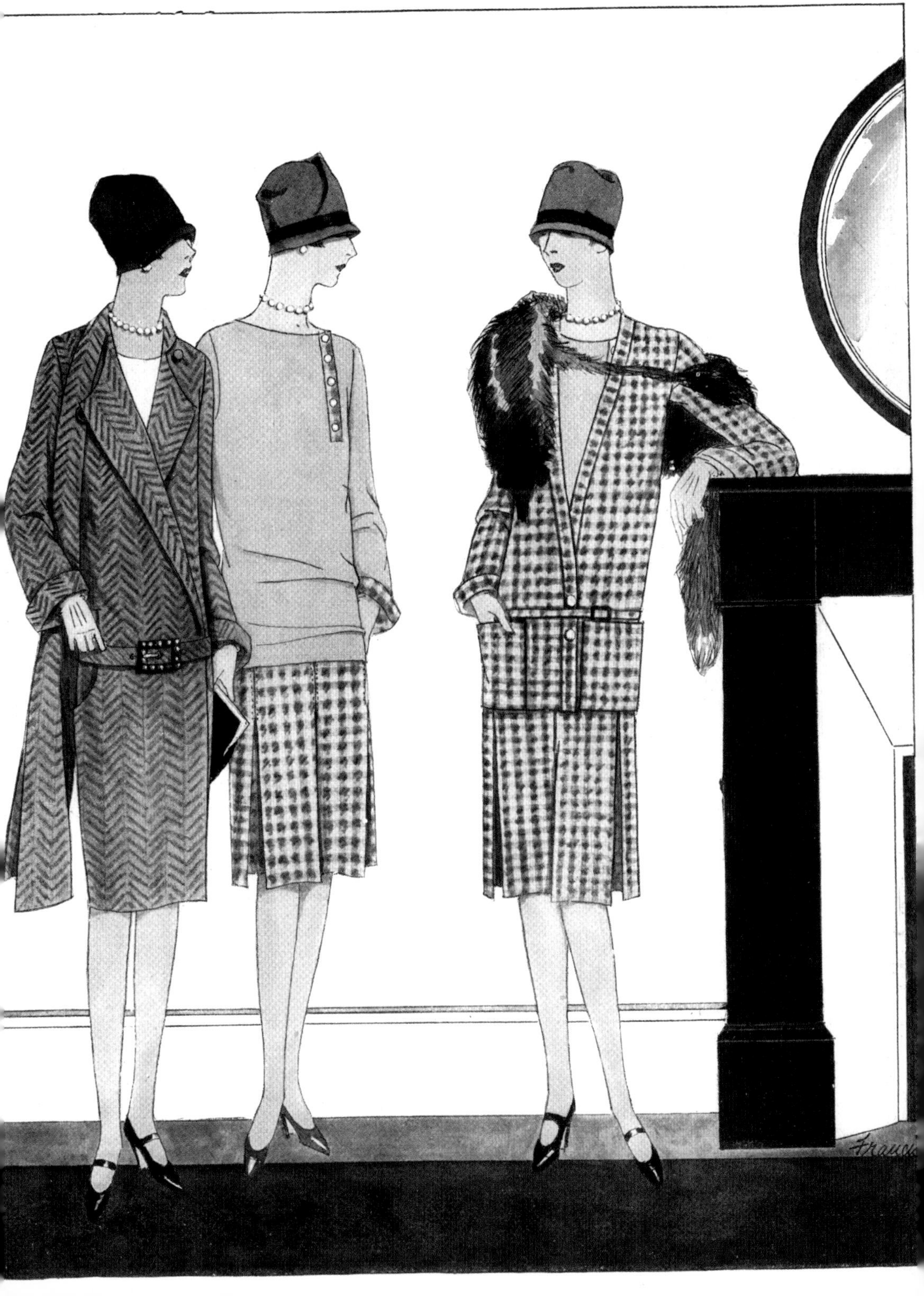

2人が出会ったのはコール・ポーターがヴェニスで開いたパーティの席上だった。当初ディ・ヴェルドゥーラは新しいテキスタイルの開発に従事していたが、ビジュー・ド・クチュールを手がけてからはさらに目覚ましい活躍を見せた。1937年、彼はシャネルのアイコンとなったカラーストーンを散りばめたマルタ十字のカフブレスレットを送り出す。作家ヴィクトル・ユーゴーの曾孫フランソワ・ユーゴーもトリコッツ・シャネルからビジュー・ド・クチュール製作に移るが、後に逃げ出すように職を辞してエルザ・スキャパレリ、コクトー、マックス・エルンスト、ピカソらと創作活動を行うようになる。1931年、グルジア人とフランス人を両親に持つ作家にしてグラフィックアーティストのイリヤ・ズダネヴィチ、通称「イリアスツ」が織物工場の責任者となった。この工場こそ後のティシュー・シャネルである。

　シャネルは黒いイヴニングガウンを考案し、1920年代を通して制作を続けた。素材は主にヴェルヴェットやジョーゼットシフォンを採用した。イートンホールでは自分の服としてデザインしたイヴニングガウンを着用した。レスリー・フィールドはこれを「幾層ものシルク製の分厚いフリンジから」構成されていたと表現している。そして1926年、米国版『ヴォーグ』は後に「リトル・ブラック・ドレス（LBD）」として名をはせる服の登場を高らかに告げる。クレープデシン素材の体にフィットする長袖のシースをページ一面のイラストで紹介し、その見出しは今やシャネルの伝説的デザインとなったLBDが一躍欠かせない存在となること、そして世界中に広まるだろうことをほのめかすものだった——「これは『シャネル』とサインされたフォード車なのだ」。案の定、まもなく英国版『ヴォーグ』が「シャネルによるオリジナルのコピーが世界中で作られている」と報じた。

　シャネルのブラックドレスが革新的だったのは、規範というくびきからの解放とセクシーさを合わせ持っていたためだろう。従来、黒は女性らしさを隠すとされる色で、シャネルのLBDの登場に不満を抱いたある男性ジャーナリストは「胸のふくらみも、お腹も、お尻ももう結構」と酷評している。おそらく本来は着心地のよさに重点が置かれていたと思われるが、シャネルによって巧みにカットされたオニキス色のフロックは——ネックラインが大きく下げてあるものや裾のラインが大胆なまでに非対称的なものもあった——なぜか微妙にセンシュアルだった。「黒は時代遅れといわれても——必ず似合うし、絶対に上品に見える」と『ヴォーグ』は締めくくった。

シャネルとヴェルドゥーラ伯爵にしてムラータ・ラ・チェルダ公爵である宝石職人フルコ・ディ・ヴェルドゥーラ。シャネルが手にしているのは彼がシャネルのために制作したエナメル仕上げのカフブレスレット。カラーストーンで装飾されている。

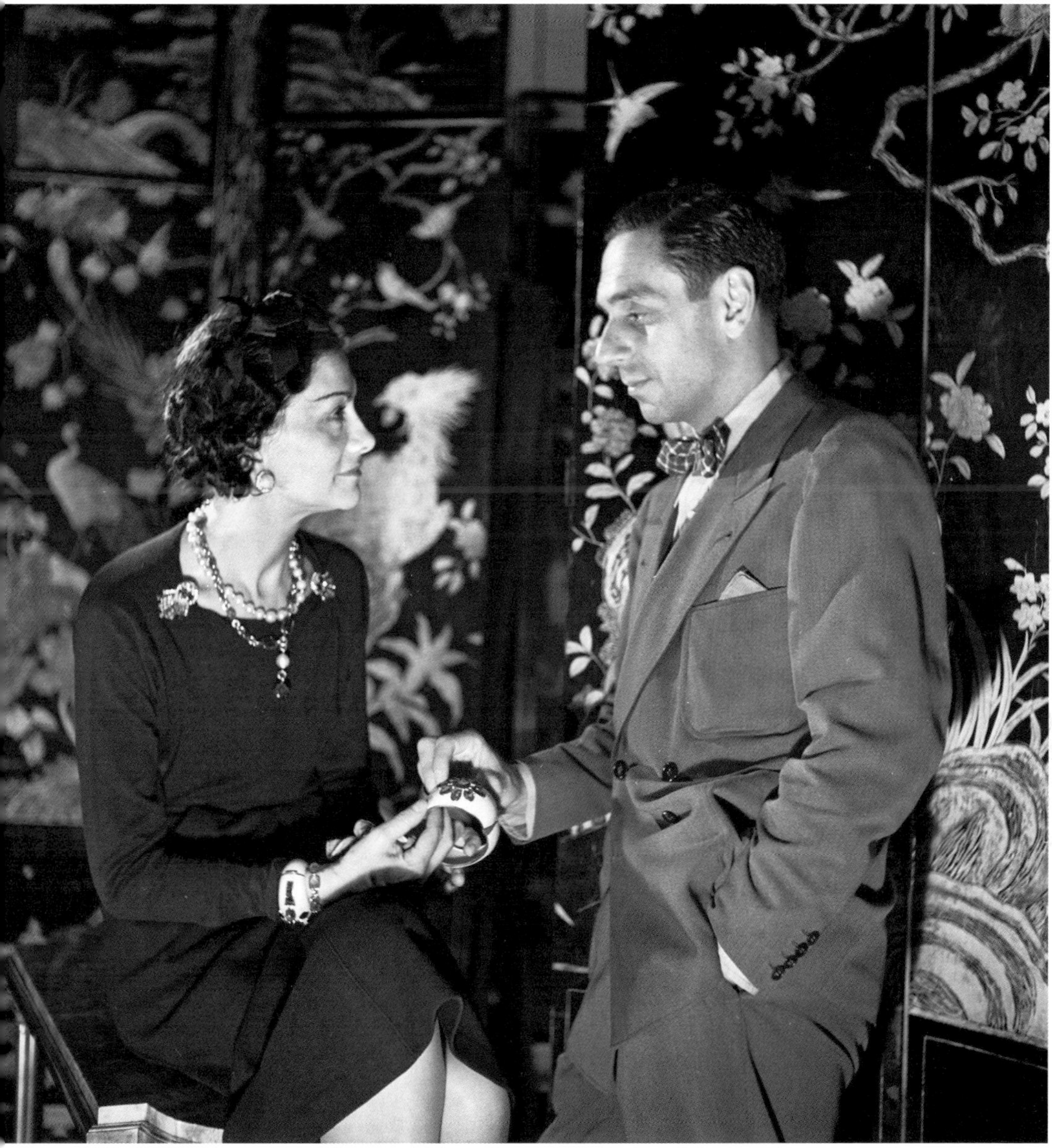

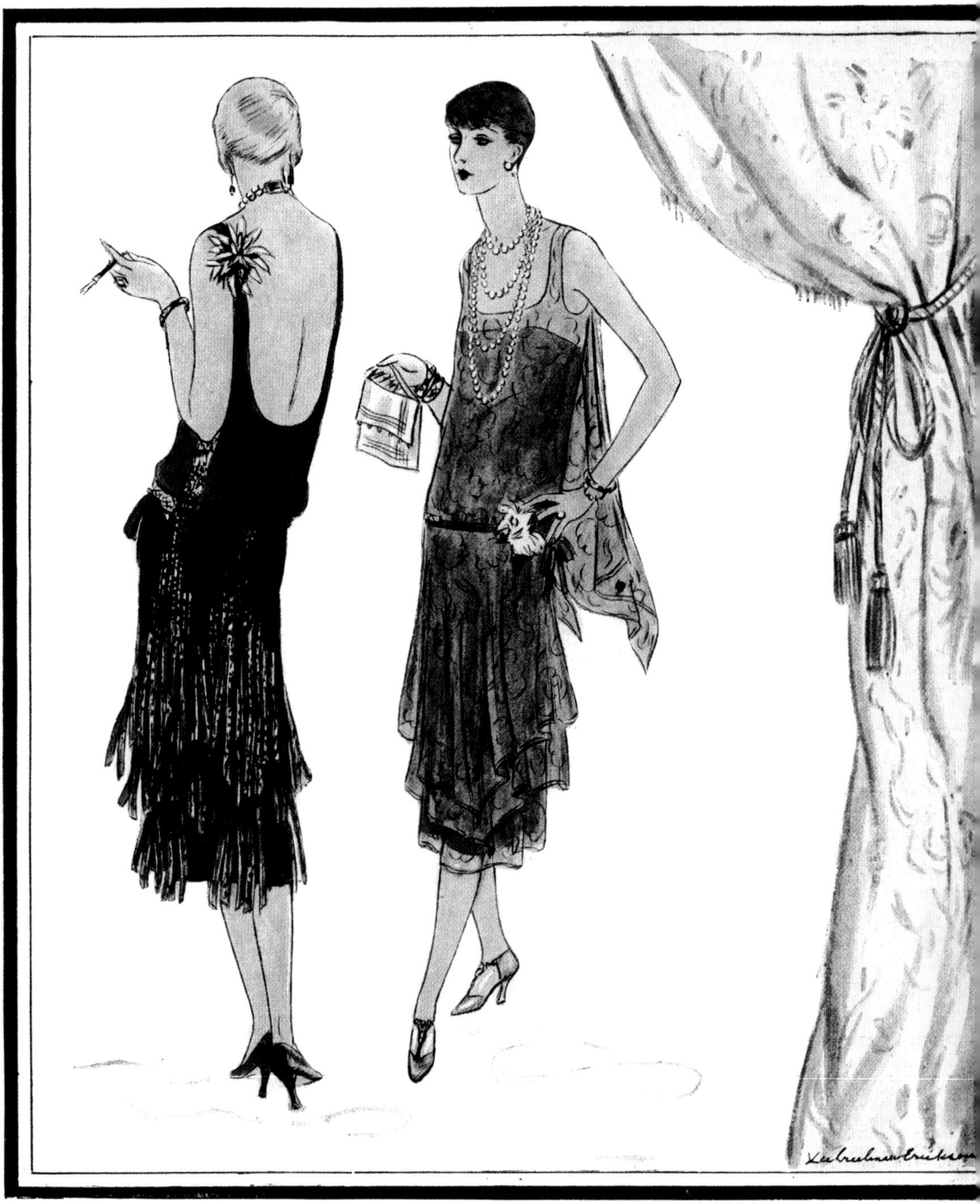

シャネルはどんな時でも、
背中からであっても
巧く黒をセクシーに見せた。
これは1924年の『ヴォーグ』に
掲載されたイラストレーション。
黒いビーズを散りばめた
細いストリップのフリンジが
優雅に揺れる、
黒いジョーゼットクレープのドレス
（左端）。
「背中のネックラインはことのほか低く、
従来は肩につける花を
バックストラップに」と注釈が。
「今までにないシェニールドットの
黒いヴェールを賢く用い」、
シャネルは
「必ず新しいシックな効果をあげる」
と1920年の『ヴォーグ』は
この黒いサテンのガウンを
評した（右）。

次ページ
シャネルによる、体にフィットする
最高にシックでエレガントな
長袖のクレープデシンのシース。
アメリカ版『ヴォーグ』は
──いみじくも──
「リトル・ブラック・ドレス」が
美的感覚に優れた
全ての女性にとって
1種のユニフォームになるだろう
と予言した。

CHANEL

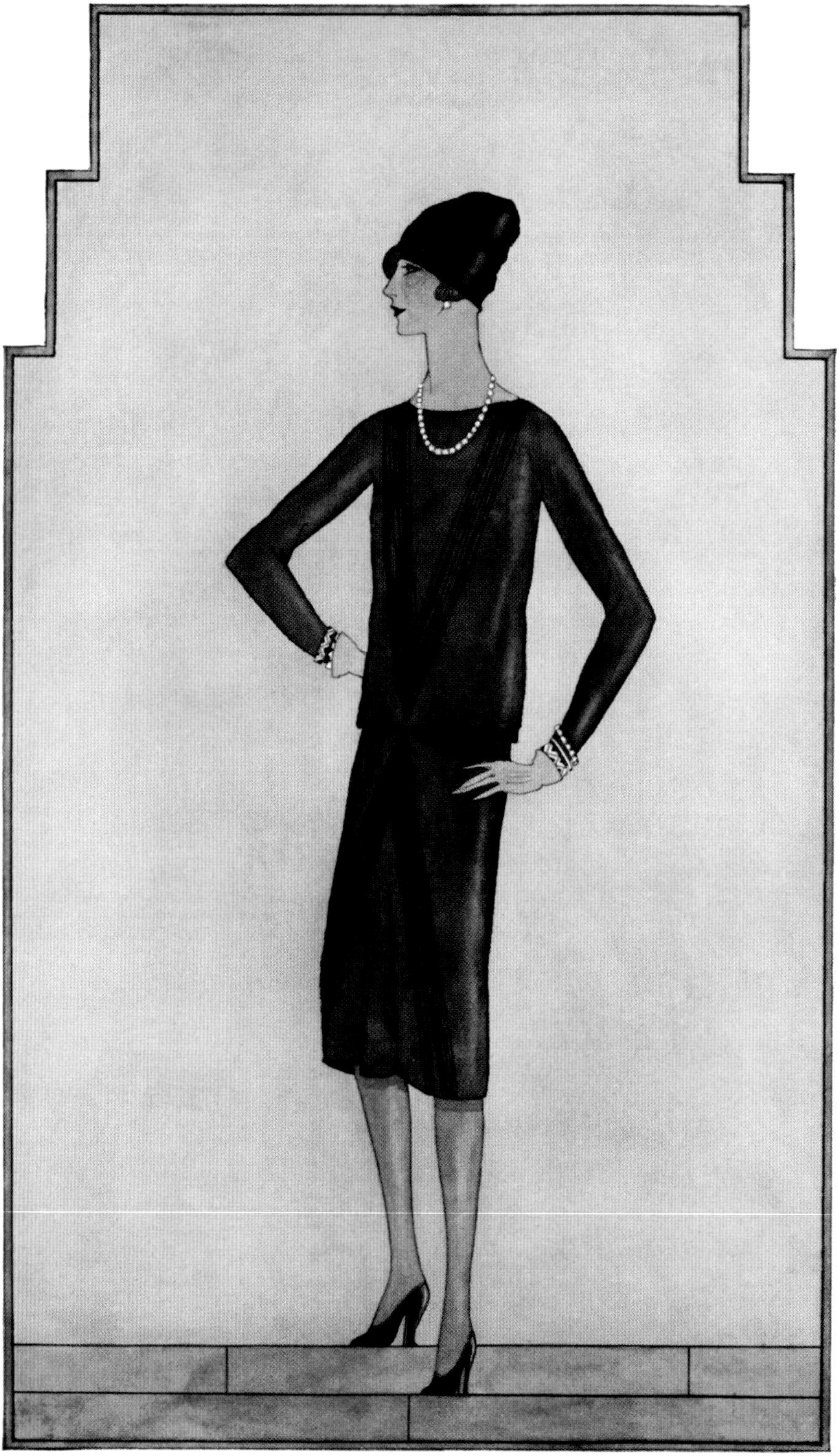

'これは『シャネル』と
サインされた
フォード車なのだ'

「ヴォーグ」

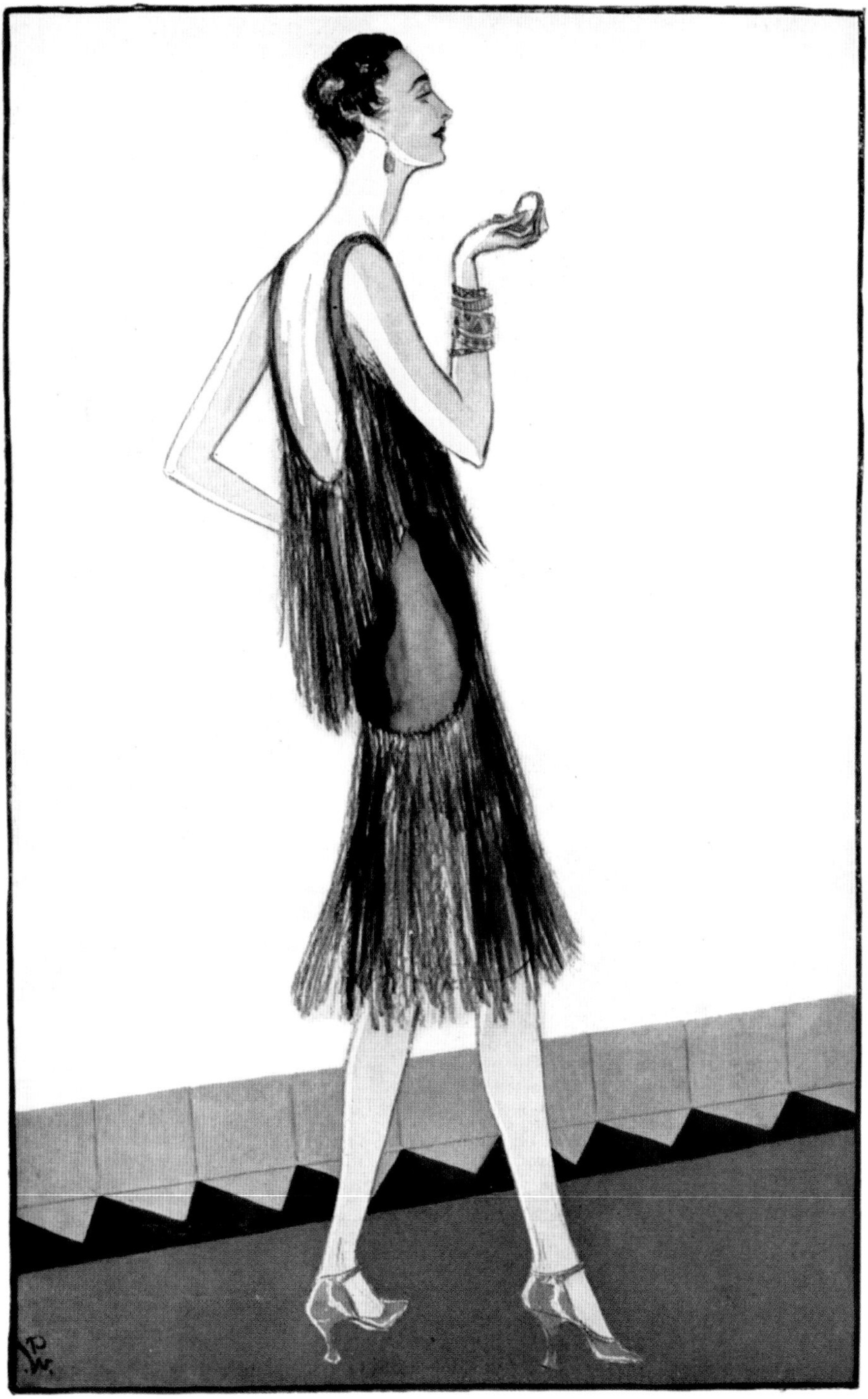

「黒はイヴニング用として一番スマートな色」と1926年の『ヴォーグ』はポーター・ウッドラフのイラストレーションを例に挙げて述べている。スカートとボディスは長いシルクフリンジで飾られ、背中側のネックラインは深く刳られている（左）。

1920年に発表された「艶やかな」黒いヴェルヴェットのドレスを特徴づけるのは「シンプルさとスリムなライン」。モンキーファーで飾られている（右）。

次ページ
シフォンの大きな花を留めつけたノースリーブの黒いシフォンドレス。裾のまちを不均等に取ることでヘムラインに変化を持たせた（左）。
（モデル＝マージョリー・ウィリス、1926年）

ストラップの細い、ノースリーブの黒いネットドレス。ベルトはヒップレベルに。
（モデル＝マリオン・モアハウス、1929年）
（両写真＝エドワード・スタイケン）

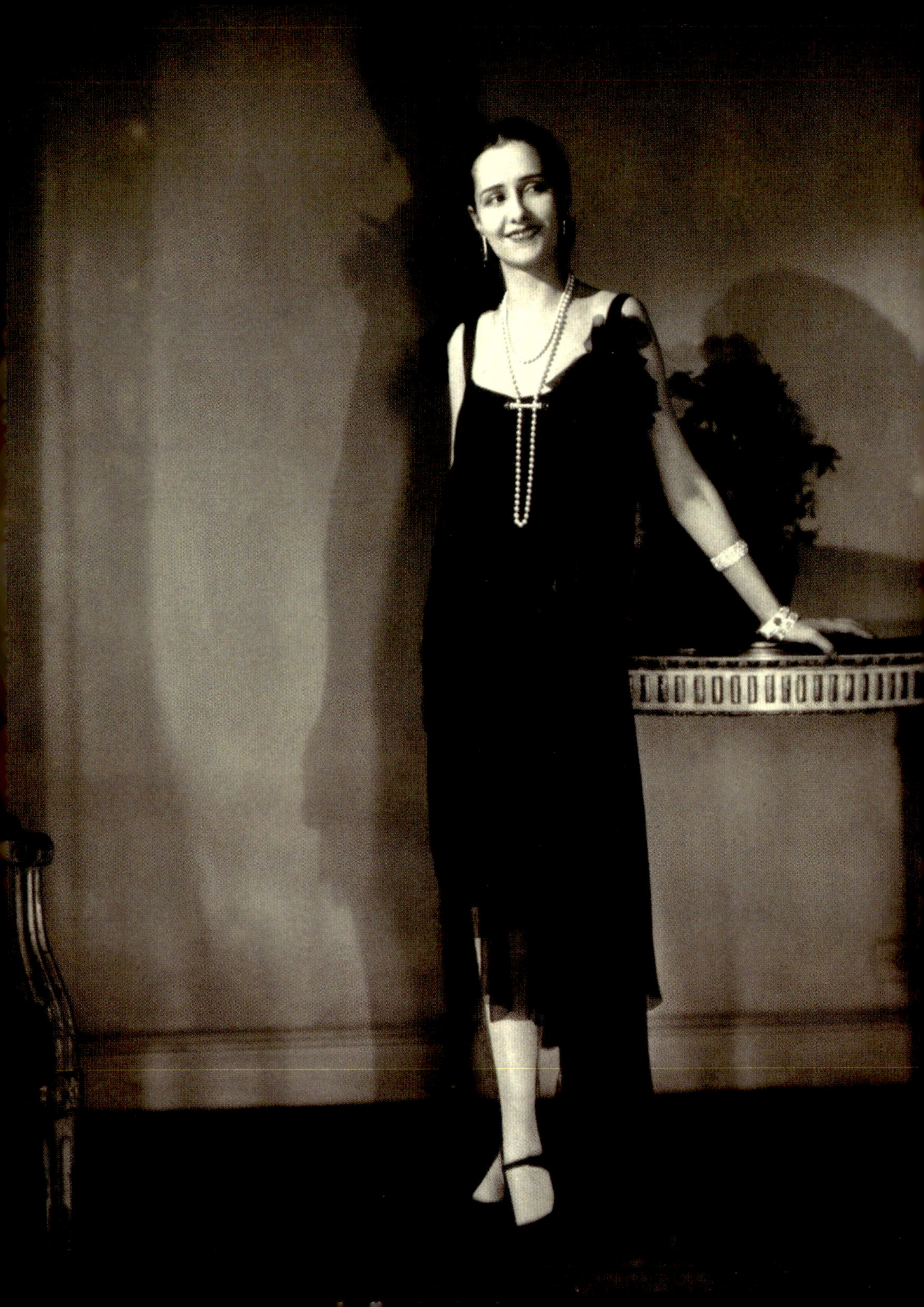

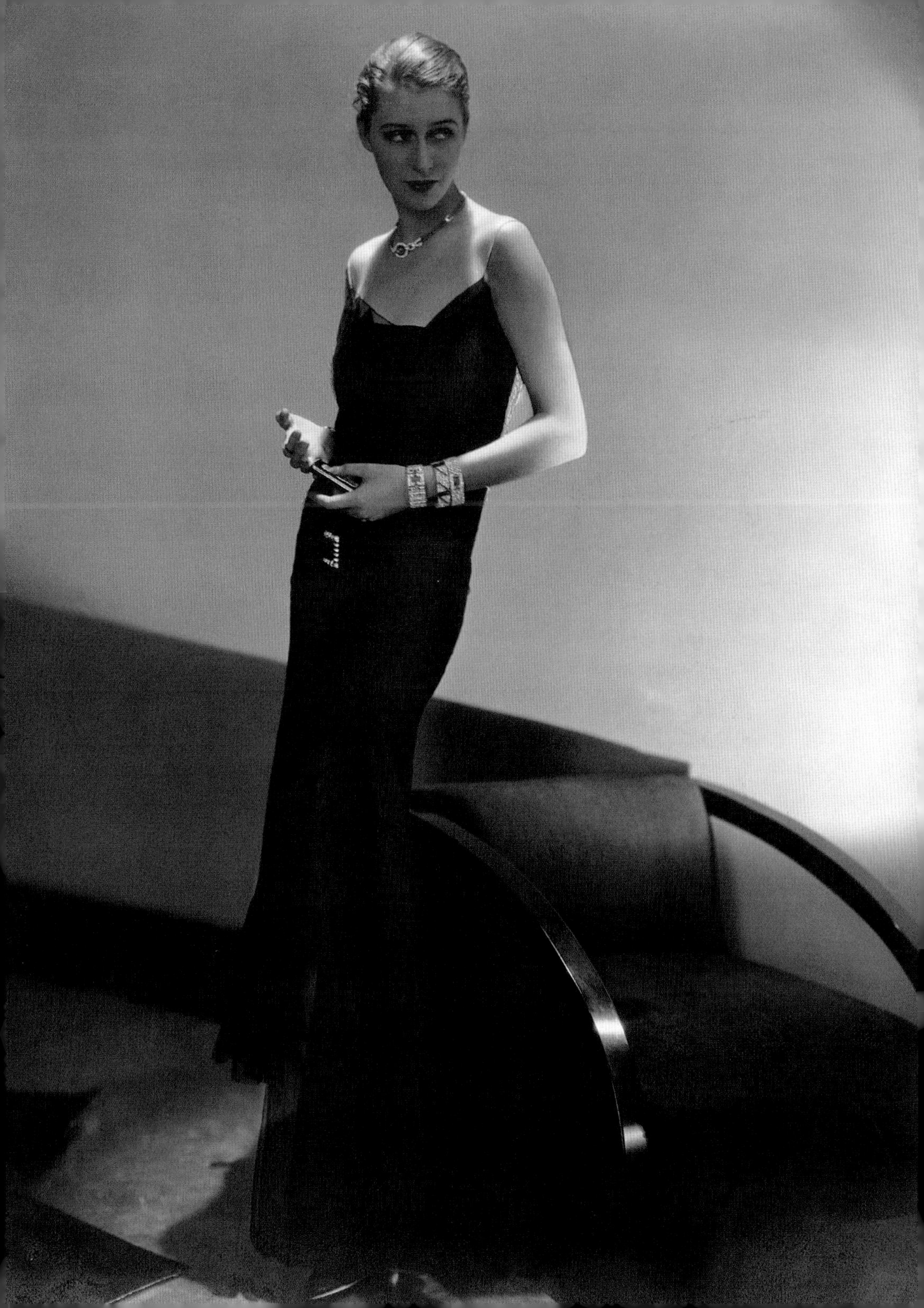

Early June

CHANEL OPENS *Her* LONDON HOUSE

CHANEL, one of the most popular of great French couturiers, has come to London. In a beautiful Queen Anne house, with panelled walls and parquet floors, mannequins graceful and slender as lilies show us Chanel's latest collection.

Copies of Chanel models are always being made all over the world—copies with varying degrees of faithfulness to the originals. It was in order to preserve the perfection of her designs that Mlle. Chanel wished to make her models in London as well as in Paris. She herself recently brought over and showed, for the benefit of those of her clients who do not go regularly to Paris, an entire series of models.

If the conception and the feeling of these models are essentially French, with that cachet of discreet elegance for which one looks to Paris, it is nevertheless true that the adaptation of the gown to the wearer is one of the things for which this designer is famous, and in which her taste is sure. We have seen in her collection a number of frocks designed for Ascot and those private functions for which in England one is always more formally dressed than for similar functions in France. We see also in this designer's conception of a Court dress a new idea, strikingly successful in the way it reconciles a charming modernism with a traditional formula. We love tradition as we love beautiful old houses, but we love also that element of youth which makes itself felt wherever it may be; like a blossom, ingenuous and frail, which has just opened in the heart of an old garden, the débutante presented at Court appears, flower-like and youthful, made more charming by the striking contrast she presents with the ancient walls of the Royal palace.

The Chanel workrooms in London employ only English workgirls under the direction of French "*premières*." Only English mannequins show the models. Here in an essentially practical sense, useful to both countries—to Great Britain and to France—is an "*entente cordiale*," French chic adapted to English tastes and traditions.

CHANEL

Even Chanel thinks in terms of lace for Ascot! Her favourite black lace has now been moulded into the afternoon mode; a square neck, a floating scarf, a bolero, and long loose sleeves are the features of this simple dress that has such great distinction; Reboux picture hat of straw faced with satin

This "little" frock of medium blue silk with white spots, with its loose vagabond tie, its bolero, its jewelled belt, its snug hipline above a skirt that frills with fulness, is the height of sophisticated simplicity; the Reboux hat worn with it is of black straw faced with satin, the small brim cut away in a peak at the left side

D

シャネルの英国モード時代の頂点は、1927年のクチュールハウスロンドン支店開店だった。ウェストミンスター公爵はもっと一緒の時間を過ごしたいと、メイフェアのデイヴィーズストリートにある広壮なタウンハウスにロンドン本店を設立するよう口説いていた。公爵がシャネルに貸したこのタウンハウスは、彼がロンドンの拠点とする18世紀初頭に建築された3階建てのブルドンハウスから目と鼻の先だった。しかしシャネルは仕事を念頭に置き、自らがメイフェアに持つ屋敷の方がパリ風の装いを「英国風のテイストと伝統」に合わせて手直しするのに好都合だと判断した。

　『ヴォーグ』はロンドンシーズン*に的を絞ったシャネルのドレスコレクションの初登場を取材し、「ユリのように優雅でスレンダー」な英国人のモデルたちが「社交界にデビューするための宮廷用ドレスと、洗練されたアスコット用アンサンブル」を披露したと報告している——「ロンドンにあるシャネルの仕事部屋では、かのフランス人プルミエの命令によって英国の女性しか雇わない。グレートブリテンとフランス双方にとって、実質本位の『友好協定』が功を奏している」

　ヨーク公爵夫人(後のジョージ6世妃、現エリザベス女王の母親)はシャネルスタイルのローウエストの服をウエディングドレスに選んだ。彼女はシャネルの店の近くに住んでいて、得意客だった。ブロードウェイプロデューサーのギルバート・ミラーの妻、キティ・ミラーも次々とクチュールを依頼した。ノエル・カワードのミューズであるガートルード・ローレンスはシャネルの服で『ヴォーグ』の写真に収まっている。ウェストミンスター公爵の親族や友人など、貴族たちも数多くクライアントになった。「彼といると、これ以上ないような、世にも稀な豊かさを経験させてもらったわ」と後にシャネルは物惜しみしない恋人を回顧している。だが一方で、別れた後もよい友人関係にあったディミトリ大公がさらなる刺激的な冒険を持ちこみ、シャネルのレパートリーを広げることとなる。

シャネルによるクチュールハウスのロンドン支店オープンを告げる『ヴォーグ』。イラストレーションはレース地のリトル・ブラック・ドレスと青いシルク地に白い水玉模様のフロック。

次ページ　『ヴォーグ』は「社交界にデビューする女性のための白いタフタ地のコートガウン」のイラストレーションを載せ、モダニズムと伝統を併せ持つこのシャネルのデザインを「宮中服の大胆バージョン」と呼んだ(左)。シャネルの服を着て写真に収まるガートルード・ローレンス(右)。(写真=セシル・ビートン、1929年)

*ロンドン周辺で開催される社交界の行事。

'あらゆる本当のエレガンスの基調はシンプルであることよ'

ココ・シャネル

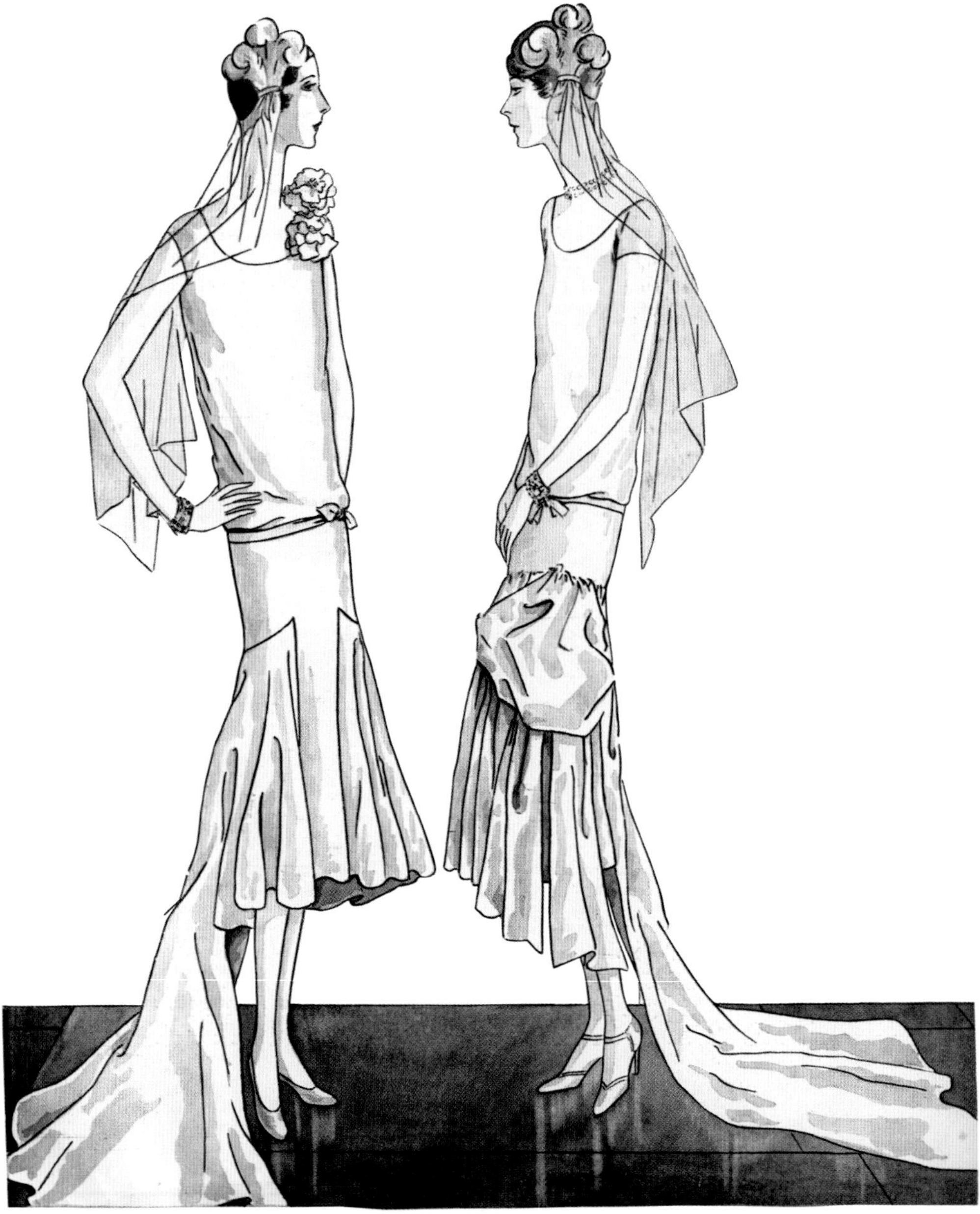

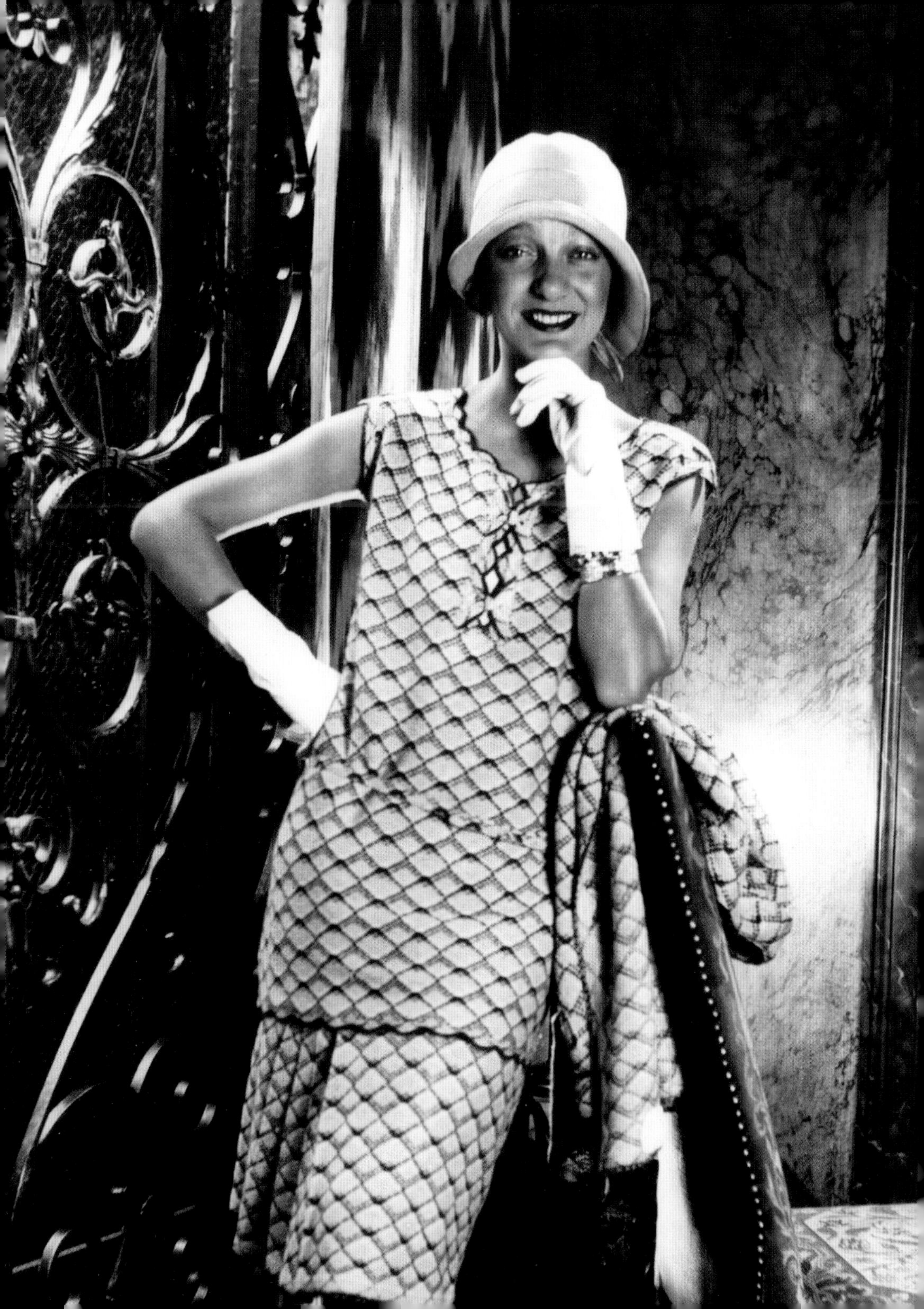

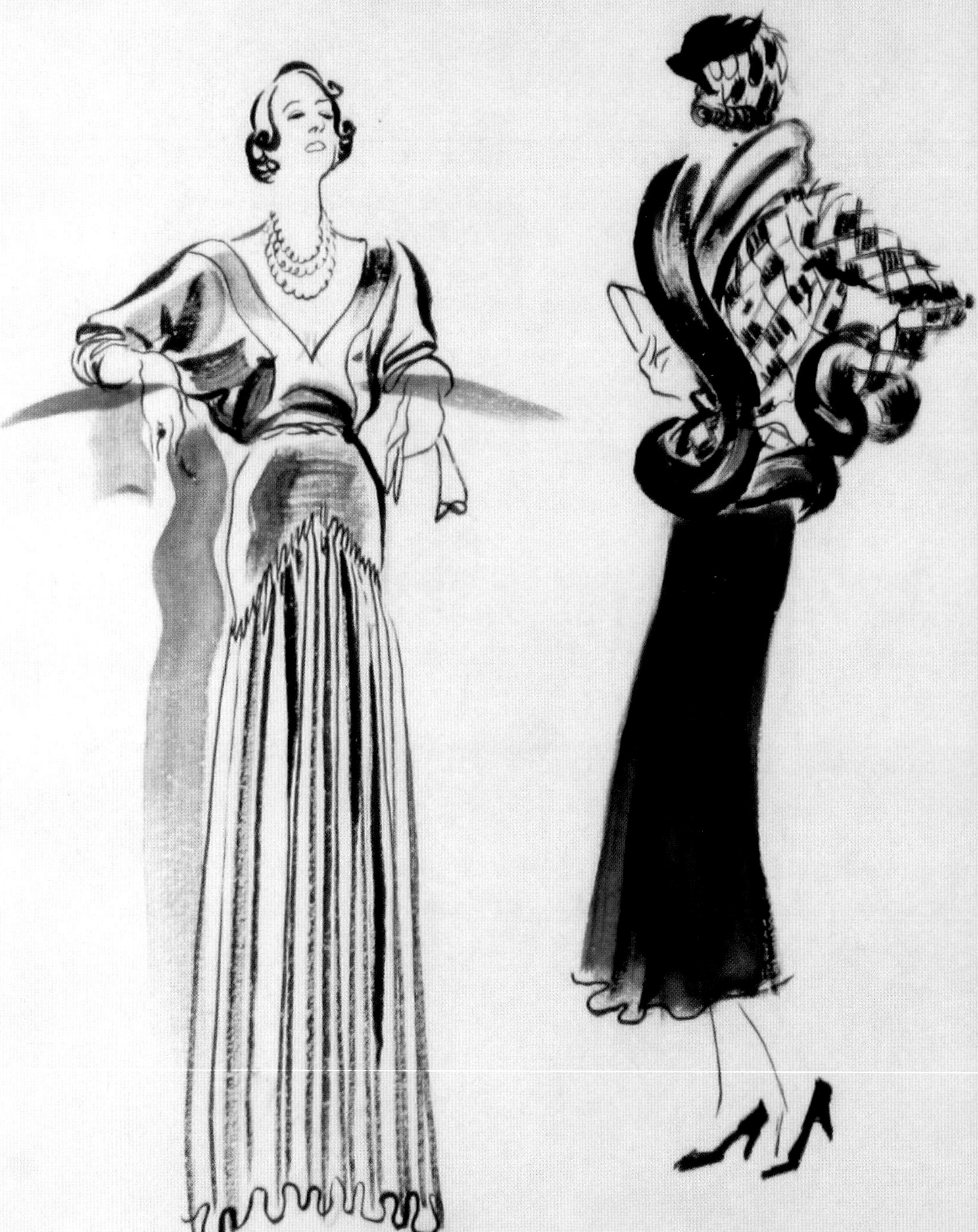

女性は
着飾り過ぎることは
あっても、
エレガントが
過ぎることは
ないわ

ココ・シャネル

ギルバート・ミラー夫人キティが
ロンドン社交期用に
シャネルに注文したガウンを、
レーヌ・ボート＝ウィロメが
イラストに起こしたもの。
(『ヴォーグ』、1933年11月)

シャネルの服をまとったユージーン(キティ)・ド・ロスチャイルド男爵夫人。
シャネルのクライアントの1人で多大な影響力を持っていた(上)。
(イラストレーション=レーヌ・ボート=ウィロメ、1932年)
シャネルのクレープ素材のドレス。日中に向くシックな装いの鑑といった趣。
細いバンドが「上半身の動作と、裾を一周する美しいカットのフラウンス(スカートのひだ)を引き立てる」
と『ヴォーグ』が1928年に評した(右)。(イラストレーション=リー・クリールマン・エリクソン)

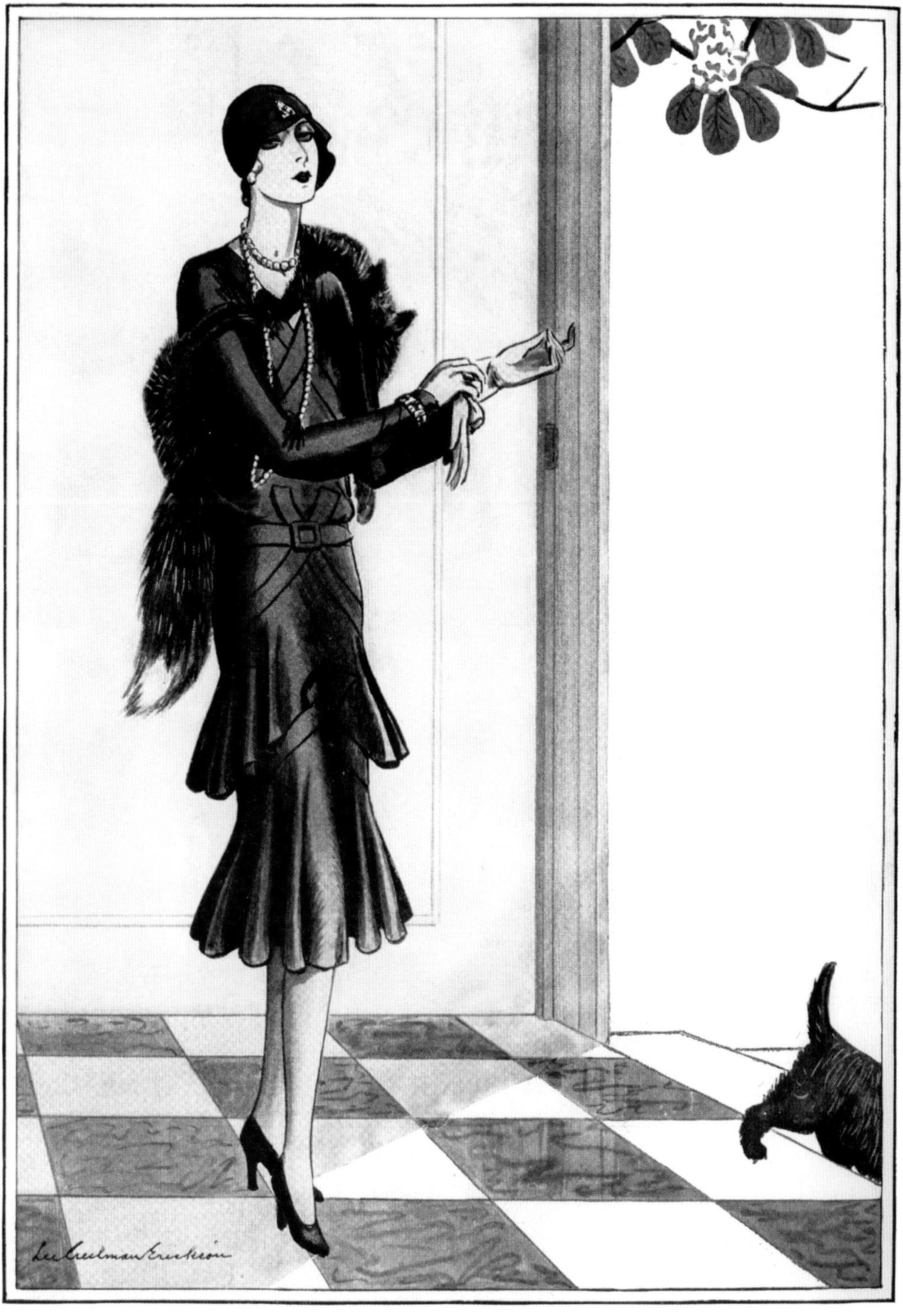
Lee Creelman Erickson

クチュールは劇場じゃないし、
ファッションは芸術じゃないわ。
工芸よ

ココ・シャネル

黄金時代

1929年の夏のこと、コートダジュールに滞在していたシャネルに、ディミトリ大公が近くのモンテカルロにバカンスに来ていた友人のサミュエル・ゴールドウィンを紹介した。ゴールドウィンはハリウッドの著名なプロデューサーで、「金で買える最高に独創的な才能で周囲を囲む」とデヴィッド・ニーヴンをしていわしめた人物である。シャネルの名声をもってすればさらに興行収入アップが見こめると考えた彼はシャネルをハリウッドに誘い、百万米ドルで自分の作品に衣装のデザインをしてほしいと申し出た。シャネルのクチュールが注目を集めつつあったコスチューム映画*に変化をもたらすだろうと算段したためだった。テレビが登場するまで、女性は華麗でロマンティックなこのファンタジーに娯楽のみならずファッションのヒントを求めていた。当時、クローデット・コルベール、マレーネ・ディートリッヒ、ドロレス・デル・リオ、ジンジャー・ロジャースなど銀幕のスターたちがまとう目も綾な美しい衣装は、エイドリアン・ローゼンバーグ、イーディス・ヘッド、トラヴィス・バントン、ハワード・グリーアなどロサンジェルスに住む熟練の衣装方が制作するのが伝統だった。パリのクチュリエと同じくこれらのデザイナー達がトレンドを決めると、その影響が撮影所を越えてはるか彼方まで広がるのだった。

　ゴールドウィンはシャネルの豪華なブランドを映画で世界中に宣伝できれば彼女の利にもなると説いた。彼女の方は気乗り薄だったが、2年経たぬ内に翻意してゴールドウィンの申し入れを受け入れることになる。1929年のウォール街大暴落のあおりを受けてフランスのファッション界も大打撃を受け、1930年夏、裕福で金に糸目をつけない米国人ですら明らかにヨーロッパのツアーに二の足を踏むようになった。この事態にシャネルのライバル達はもちろん彼女もクチュールを半額にし、試みに綿のピケ生地など安価な素材を取り入れたりした。それでも売上げが思わしくないと人員削減も行った。1931年、米国に対するフランス衣料の輸出額は50％も減った。『ニューヨーカー』のパリ特派員ジャネット・フラナーが「専ら米国との取引で生計を維持していた小企業では、2週間でシャネルのコピー品1枚すら売れなかった」と記した程である。シャネルはゴールドウィンと契約を結ぶことで先行きの不安に歯止めをかけられると踏んだのだった。

1930年代後半になると、シャネルのデザインは従来の洗練されたエレガンスに加え、映画のような妖しい魅力も醸し出すようになった。これはその一例で、プリーツを寄せたボレロと合わせた煌めくラメドレス。（写真＝ホルスト・P・ホルスト）

*凝った衣装で設定の雰囲気を出す映画。

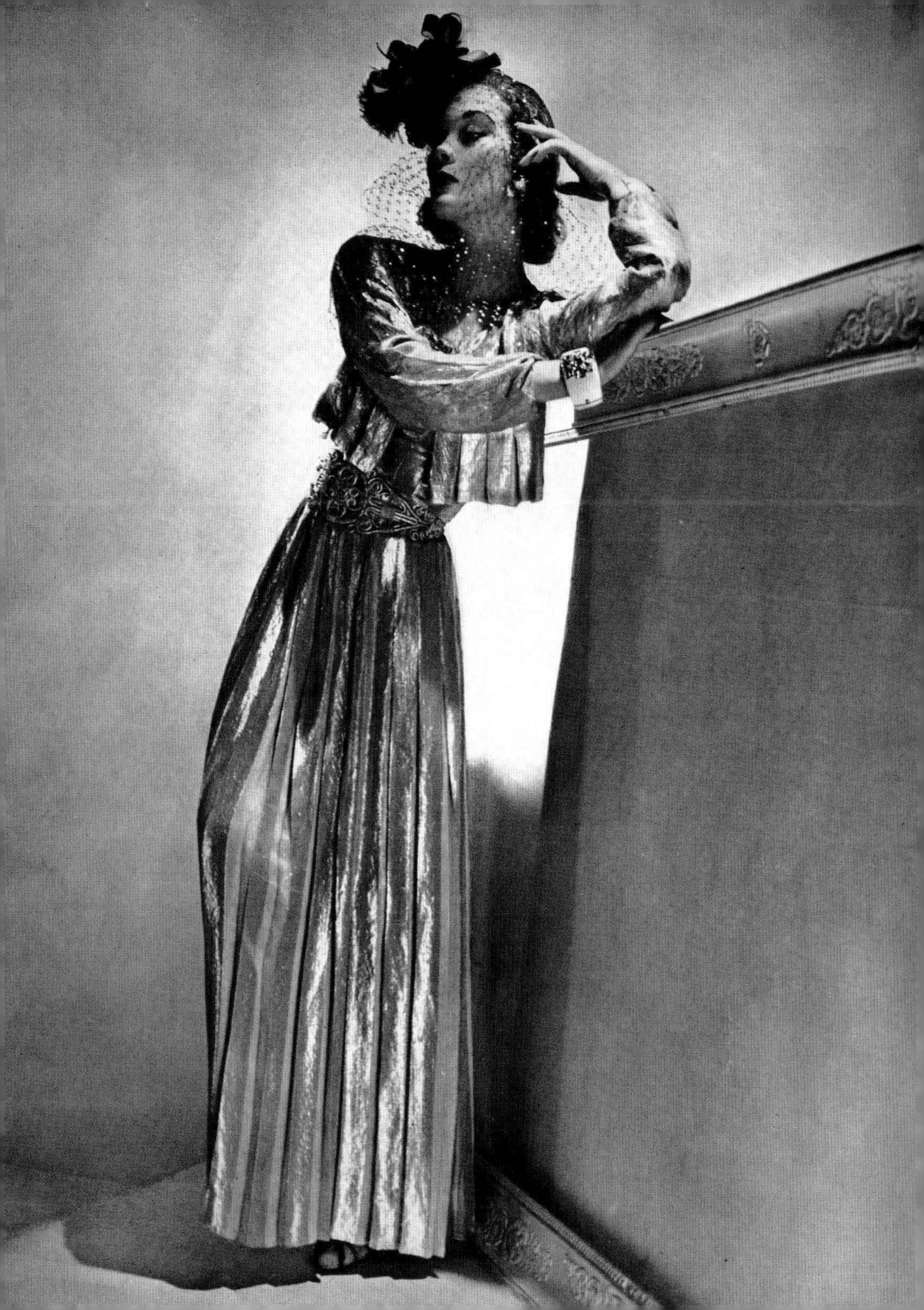

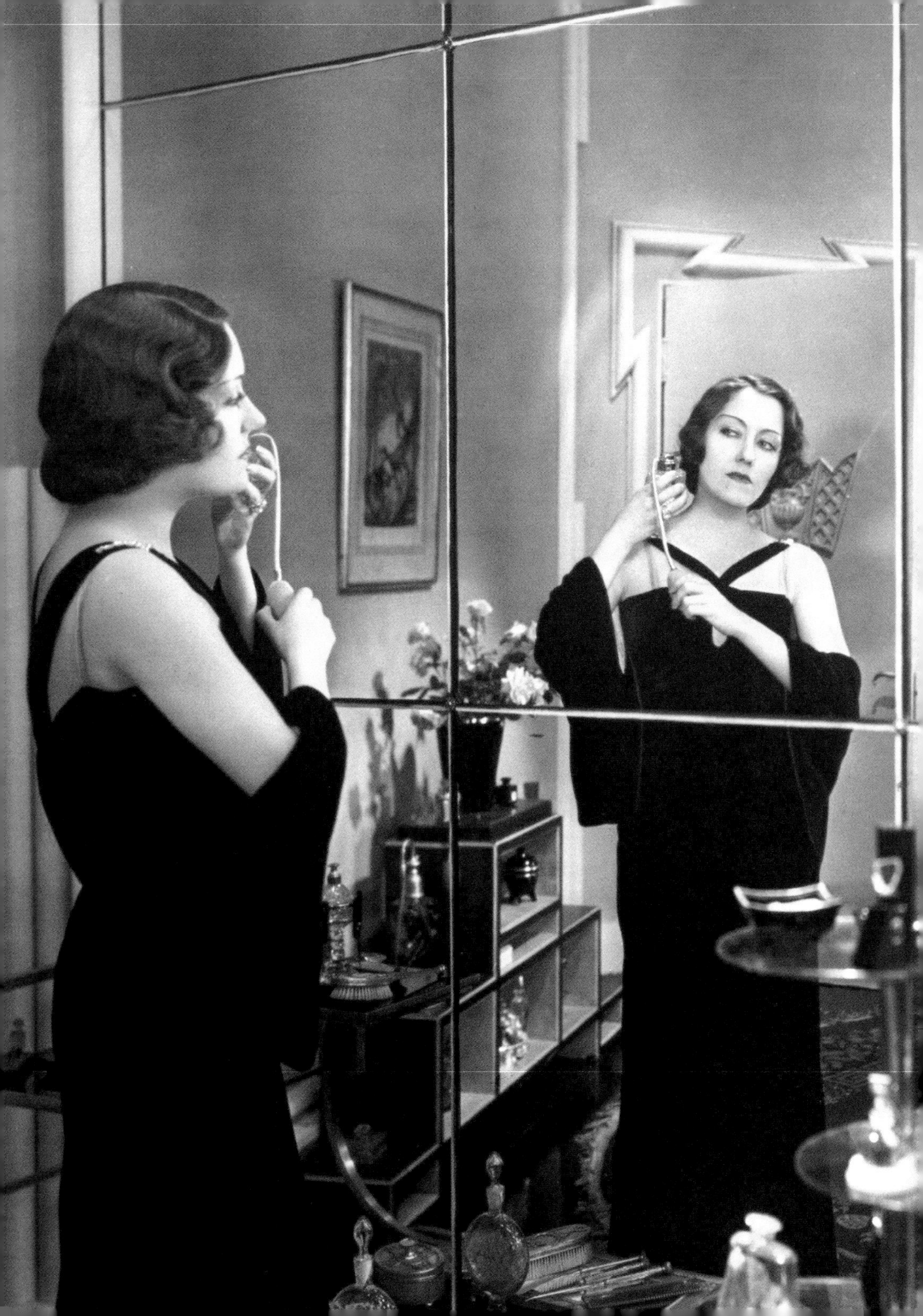

そしてシャネルは1931年4月、ハリウッド黄金時代の幕開けとともにハリウッドに進出した。ゴールドウィンは予言を添えてシャネルを売りこんだ。「彼女は奮闘すること6ヵ月でファッションを先取りし、ガウンを常に最新流行形にするという永遠の課題を解決するだろう」と宣言したのだ。さらに彼は、布地の染色・裁断・フィッティングを行う専門設備を備え、100人のスタッフと統括役としてシャネルの個人的な代理人を置く衣装部門を設置することを約束した。最初の仕事はミュージカル映画の『突貫勘太』で、シャネルはスターのバーバラ・ウィークスにドレスを1着作った。次にパリに戻って『今宵ひととき』の仕事に取りかかった。

オペラのディーヴァをめぐるこのロマンス映画の主役はグロリア・スワンソンだった。自らの結婚生活とジョセフ・ケネディとの関係にピリオドを打った所で、ノエル・カワードとその友人でアイルランド人のプレイボーイ、マイケル・ファーマーとともにロンドンとパリで遊びまわっていた。カンボン通り31番地で初めて衣装合わせをした時、スワンソンは「小柄でほっそりと華奢」だったという。しかし6週間後、スワンソンはふっくらし始めた体にファーマーの子供を妊娠したと気づいた。彼女は窮地に陥った。シャネルに相談するわけにもいかず、私生児をみごもったニュースが流れれば人気女優としての魅力や名声は地に落ちるに違いなかった。次回の衣装合わせで黙って立っていた所、シャネルは「寸法を測って合わせたはずのガウンに体を押しこめなかった私に激怒し、にらみつけてきた。黒サテンのバイアス地を裁断した床まで届くガウンで――私が見ても、彼女が見ても芸術の傑作だった」とスワンソンは回想録に記している。スワンソンがガードルを履くとシャネルは「さげすむように鼻を鳴らし、1ブロック離れていたって腿の半分までしかガードルの裾が届いていないのがわかるといった。『仮縫いの最中に痩せたり太ったりする権利はないわ。ガードルを脱いで5ポンド痩せてきて。5ポンドよ。最低でもね！』」と命じた。スワンソンは健康上の理由から痩せられないことを説明し、シャネルに膝丈の「ゴム引き布の肌着」を「2～3ダース」作って欲しいと頼むと、「嫌そうな表情も露わに」1人の針子がこの妙な肌着作りに取りかかった。ゴム引きの肌着はできあがったものの、装着するには3人がかりだった。そして両腕を上げたスワンソンに黒いサテンのドレスが着せられると「手袋のようにフィットした」という。こうしてスワンソンはシャネルの新しい衣装を手に上機嫌で米国へ帰り、『今宵ひととき』の撮影に臨んだのだった。

「芸術の傑作」――シャネルの衣装――をまとうグロリア・スワンソン。『今宵ひととき（1931）』から。

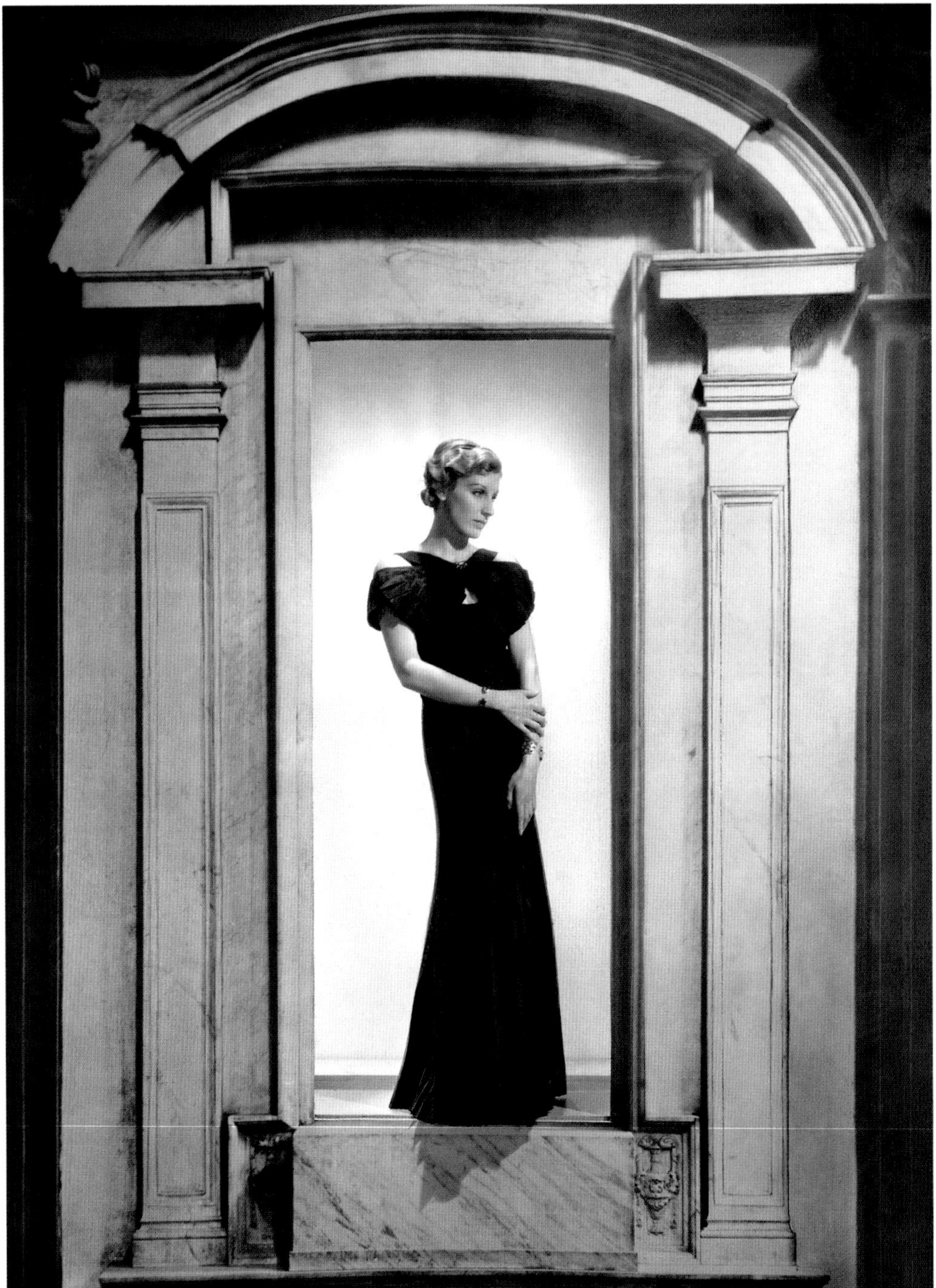

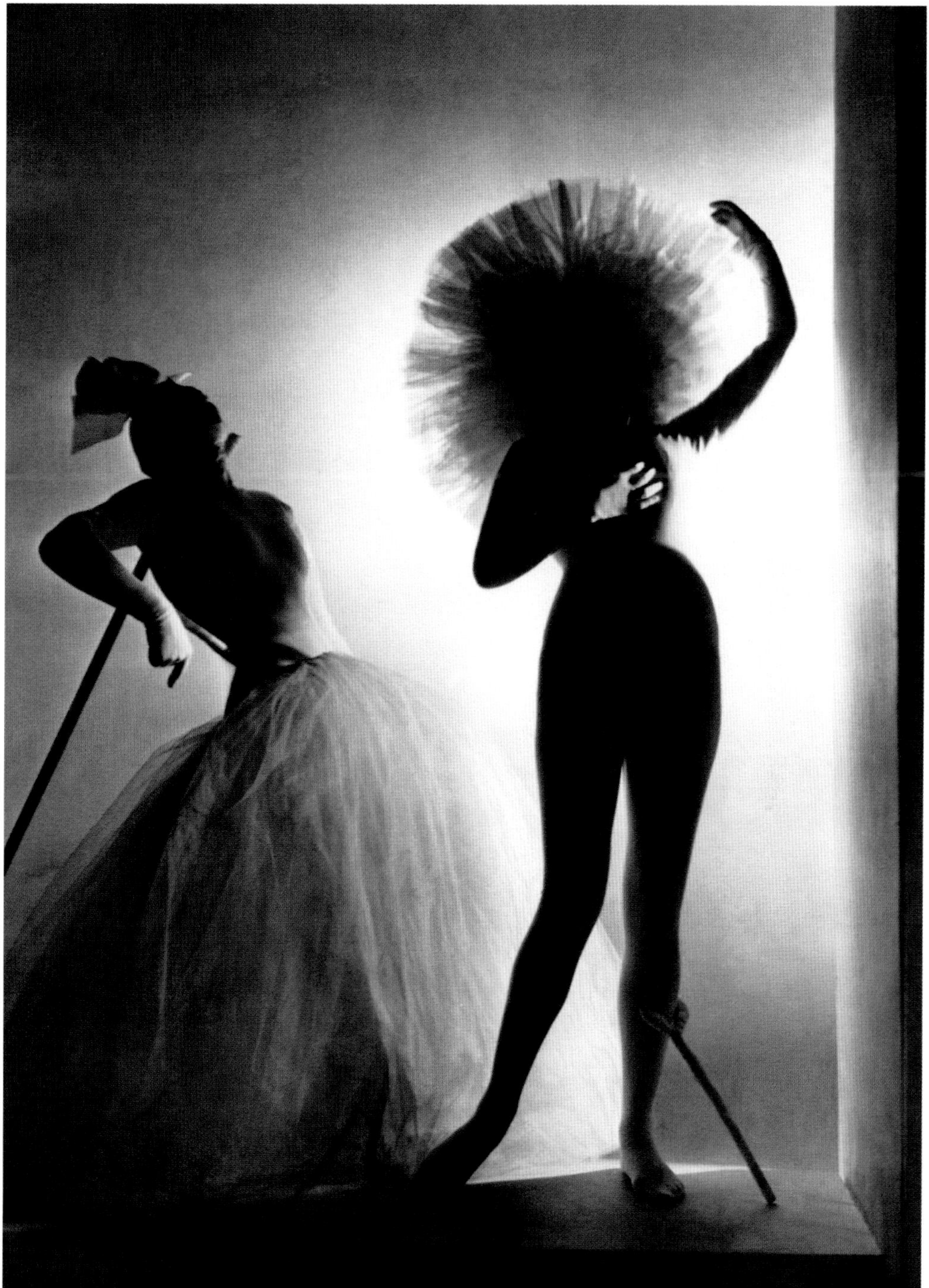

VOGUE ON ココ・シャネル

薄織りの白い
シャネル製ガウンをまとう
デルフィーヌ・セイリグ。
アラン・レネ監督
『去年マリエンバートで(1961)』の
ワンシーン。

前ページ
シャネルがグロリア・スワンソンに
デザインした
ハリウッド用衣装と似たスタイルの、
長いプリーツ入りタフタガウン(左)。
(写真=ゲオルグ・
ホイニンゲン=ヒューネ、1934年)
サルヴァドール・ダリが
バレエ・リュス・ド・モンテカルロの
ために製作した舞台、
『ヴェーヌスベルク(1939)』は
シャネルが衣装のデザインを
提供した(右)。
(写真=ホルスト)

シャネルはゴールドウィンのためにもう1つ別の映画——『セックス・アンド・ザ・シティ』のような恋愛コメディ、『黄金に踊る』の衣装をデザインしたが、その後ハリウッドとの関係を断つことになる。『今宵ひととき』は失敗に終わったがシャネルは上機嫌で撤退した——1932年公開の『黄金に踊る』の興行収入は上々だったからだ。『ヴォーグ』もシャネルの衣装——出演した3人のスターの1人、アイナ・クレアが着た白いサテンのラウンジパジャマ——を「革新的」と評価した。

結局シャネルはハリウッドに幻滅したが、ハリウッドへの先鞭をつけたばかりか——エルザ・スキャパレリ、ピエール・バルマン、クリスチャン・ディオール等のクチュリエ達も後に続いた——演劇制作には関わり続けた。彼女は既に長年の友人ジャン・コクトーと彼の劇『アンティゴネ』や『オルフェウス』でコラボしていたし、1937年には再度コクトー作『円卓の騎士』と『オイディプース王』の衣装をデザインした。その後もジャン・ルノワールとまずは『ラ・マルセイエーズ』で、さらに1939年には後に傑作として認められる『ゲームの規則』でコンビを組んだ。ただし、彼女がデザインした映画の衣装で最も有名なものは、20年後の1961年に公開されたアラン・レネ監督のミステリー『去年マリエンバートで』に登場するコスチュームである。彼女は主役のデルフィーヌ・セイリグに黒い服、白い衣装、シックでかっちりした装い、薄手で軽やかにひるがえるドレスなどこの上なく洗練された衣装を何着も提供した。ルキノ・ヴィスコンティもシャネルの友人だった。彼は1930年代にシャネルの紹介でジャン・ルノワールに出会い、映画監督のキャリアを歩み始める。ヴィスコンティは1962年に『ボッカチオ'70』の1編の監督を務めた際、ロミー・シュナイダーに着せる衣装のデザインを依頼してシャネルに恩を返した。シュナイダーは一目でシャネル製と分かるブークレ織りのスーツ、ツートンカラーのバックベルトの靴、真珠のネックレスを次々と身につけて登場している。全てのクチュリエの中でシュールレアリズムと一番深く関わったのはスキャパレリだが、シャネルは多くの前衛芸術に理解を示し、ダリやピカソとも親しかった。彼女の舞台衣装では、シュールレアリズム劇のために作ったものこそが紛れもなく一番の傑作だった。

シャネルがデザインした革新的な女性用ラウンジパジャマ＆パンツ。魅力的なプリント模様で日中はもちろん、夜もそろいのジャケットを羽織って使える。『ヴォーグ』はシャネル自らこれを実践し、「豪快なジュエリー」をつけて「自宅ではプリントパジャマで食事をする」と記した。（イラストレーション＝クリスチャン・ベラール）

次ページ　シャネルはダリ、コクトー、そしてカタロニアの芸術家ホセ＝マリア・セルト等が所属する芸術サークルに参加していた。セルトの最初の妻ミシアはシャネルの大親友だった。セルトの2番目の妻ルシーもシャネルのクライアントで、「シャネルのドレスをまとい、左岸に建つ自ら装飾した自宅で長椅子に座る」ルシーをセシル・ビートンが描いたイラストが『ヴォーグ』に掲載されている。

Chanel dines at home
   in printed pyjamas,
   sweater, barbaric jewels.
      (Two small Chanels)
   Striped linen, flannel jacket.
   Checked tussur, chiffon cape-veil.

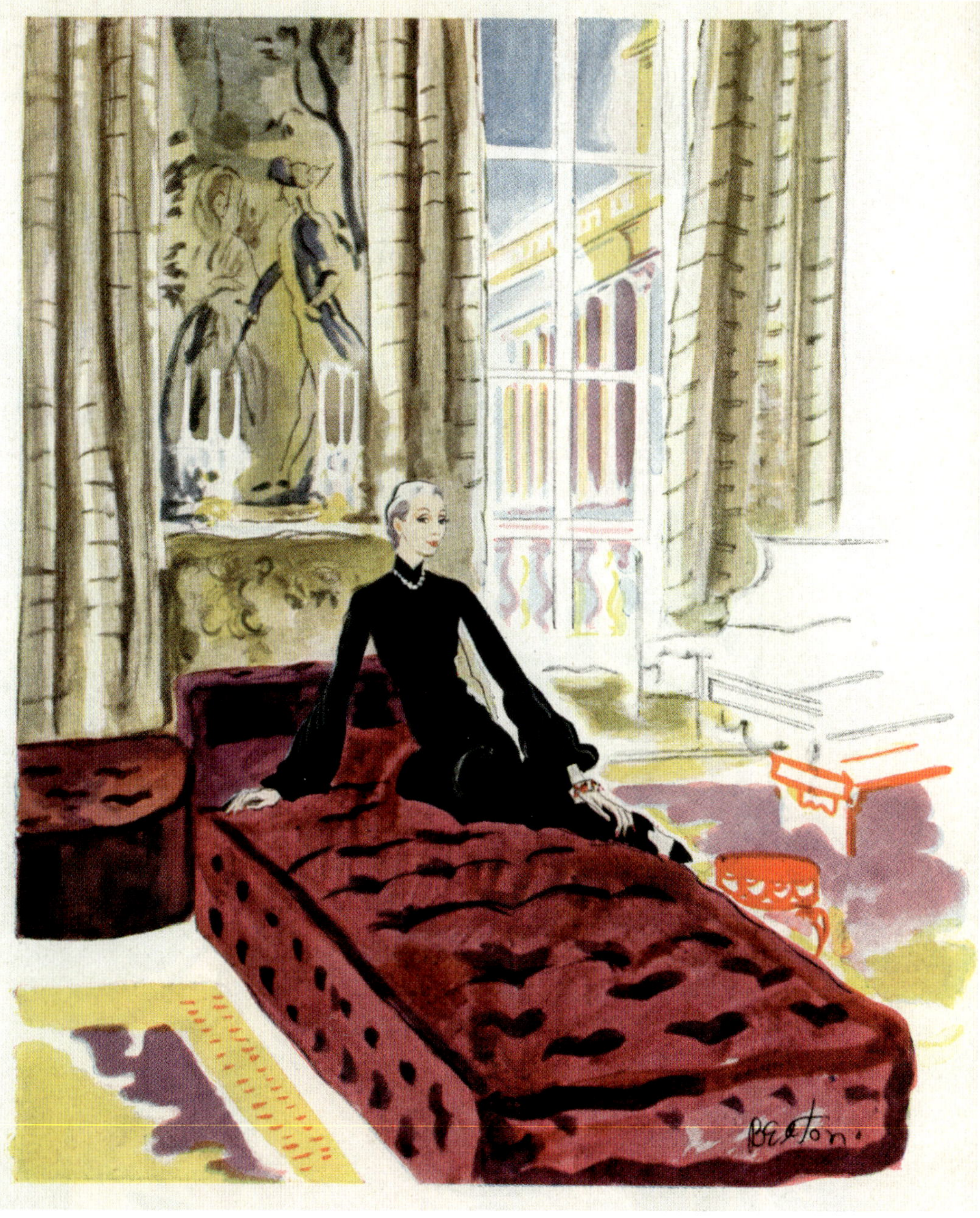
Beaton.

'エレガンスは
青年期を
卒業したての人の
特権じゃないわ。
既に未来を
手に入れた人の
特権よ'

ココ・シャネル

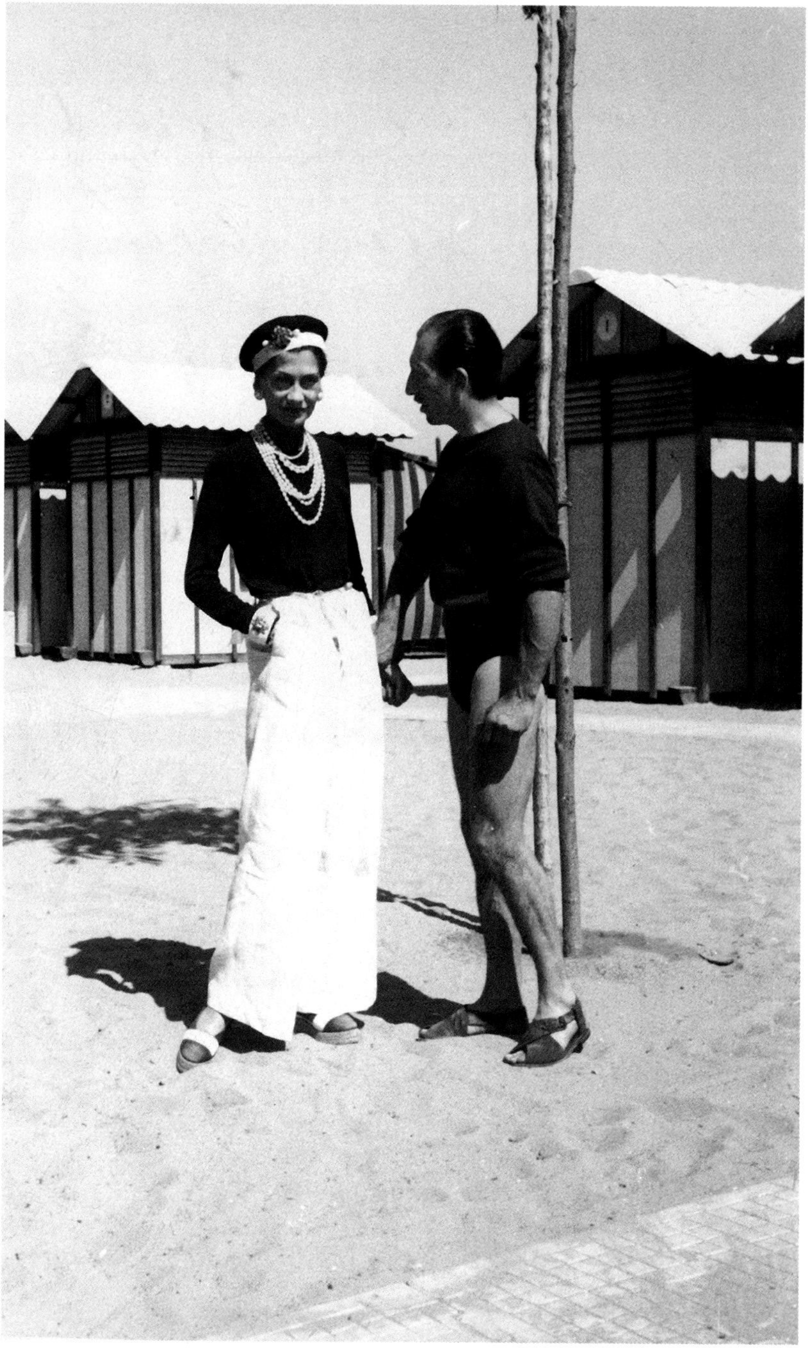

シャネルが映画の衣装としてアイナ・クレアにデザインした白いパジャマには原型があった——1918年の休暇にシャネル自身が類似の衣服を身につけていたのだ。それまでも時々サマーコレクションにパンタロンやキュロットを加えてはいたが、シャネルは自分用にパンツを作った。実際的な理由からフライングクラウド号の上ではパンツのほうが都合がよかったのである。「船の梯子をスカートで登るなんて無理」とシャネルは語った。1920年代後半〜1930年代初め、白いパジャマパンツ、黒いトップス、パールのいでたちでヴェニス・リドで過ごすシャネルが写真に収められているが、レスリー・フィールドによればたちまち「誰もかれもが真似した」という。1930年代、シャネルはディートリッヒやガルボなどのエレガントな装いを誇る女性の1人だった。彼女らはパンツをさっそうと着こなすことで一目置かれるような「一流の雰囲気を」まとっていたとエドモンド・シャルル・ルーは語った。男性物とは明らかに違うネイヴィーカラーのジャージー製ワイドパンツとセーラー風プルオーバーも、彼女がロクブリュヌ＝カップ＝マルタンに建てたヴィラ・ラ・パウザでくつろぐにはぴったりだった。

ローマのラウリーノ公爵とヴェニス・リドにて。幅広の白いパジャマパンツ、真珠、イヤリング、シャネルの定番カフブレスレットに白いバンドのベレーと、よく模倣された装いを見せつけるように一式まとうシャネル。

ラ・パウザで最初にシャネルの心を捕らえたのは「山をおおう芝地」だったという。彼女がここを購入したのは1929年のこと、5エーカーの土地にはオリーヴとオレンジが木立となって自生していた。かつてモナコ公家グリマルディ家が所有する猟場の一部だったラ・パウザに、シャネルは1800万仏フランを支払い、建築家として28歳のロベール・ストライツを雇った。彼女の友人ジーン・デ・セゴンザック伯爵がリヴィエラに持つ歴史的な建物を修復したのがストライツだったためだ。ストライツが見せたスケッチ案をシャネルは気に入ったが、「玄関ホールに大きな石造りの階段」を作ってほしいと頼み、「小さい頃、使い古されてすり減った大きな階段があったの。みんなで修道士の階段と呼んでいたわ。それが欲しいの」と説明を加えた。結局ストライツはコレーズの修道院に赴いて直接その見事な階段を確認し、写真に収めることとなった。

ところが建築が進むにつれ困った事態となる。建築を請け負ったエドガー・マジョレの回想によれば「彼女は曲線を描くハンドメイドのタイルだけ」を使って屋根を葺きたいと望んだという。テラコッタタイルがラ・パウザの持つ本当のプロヴァンス様式をさらに強調し、近くの建物を引き立て、近隣で見られるローマゴシック時代にさかのぼる建築様式を色濃く受け継ぐパティオのアーチも際立たせ

るとシャネルは考えたのだった。しかし地元で入手するのは不可能だったため、マジョレはイタリア国境近くで「王の身代金ほど高い金額」を払って古いタイルを手に入れた。それでも足りなかったためにさらに周囲を「あさり歩く」ようにしてタイルを探し出し、必要な2万枚分をそろえた。

　シャネルはラ・パウザ購入に支払った金額の4倍を工事と装飾に費やした。建築の進行具合を確認するためル・トラン・ブルー(青い列車)に載って月に1度南部へと通ったが、それが無理な時は請負人が地元からシャネルのいるカンボン通りまで職人を送った。さらにラ・パウザから伸びる3つの翼棟の装飾の統括役としてメゾン・ヤンセン社と契約したが、これにはもっともな理由があった。この会社——ロワイヤル通り9番地を拠点に世界初の国際的インテリアデザイン業務を展開した——は主にヨーロッパの宮殿修復を得意としていた。例えば1902年にエドワード7世のために行われたバッキンガム宮殿改装を手がけたのもヤンセン社である。シャネルは後に会社社長となるステファン・ブーダンとは既に仕事を通して親交があった。シャネルがパリのフォーブル・サントノレ29番地に所有する広壮なアパートメントの装飾を手がけて「白とベージュ、茶色がかった黒」のカラースキームを決めたのも彼である。カンボン通りのプライベートサロンもブーダンが請け負った。しかしシャネルもブーダンもこれを口外することはなかった。クライアントが著名な場合はクライアントを守るため慎重に密やかに事を進めるのがメゾン・ヤンセン社の方針だったため、後に「シャネリアン」と呼ばれるこのスタイルは秘密の内に作りあげられた。シャネルのパリのアパートメントを装飾するに当たって2人は共に建具や備品、家具を選んだが、ヴィラ・ラ・パウザでも二人三脚でベージュを主な基調とするカラースキームを実現したと思われる。シャネルはレザーやシャモア革の張り地と調和させるためピアノもベージュにしたいといって譲らず、その理由を「カラフルな背景だと気が散ってリラックスできないから」と語った。

'ファッションはドレスだけのものじゃない…
考え方、つまり生き方と関わっているのよ'

ココ・シャネル

ラ・パウザの広くてエレガントな素晴らしい玄関ホール。
シャネルはコレーズ修道院で過ごした子供時代の記憶をもとに大きな石造りの階段を設置した。

次ページ リヴィエラの暖かな夕べを眺めるモデル。
リヴィエラはシャネルがヴィラ・ラ・パウザを建てたことでも人気が集まった地。
『ヴォーグ』は「バレーダンサーのスカートを思わせる袖を備えた、
ごく淡い色のチュール地のたおやかなジャケット
──そして茶色いリッチなチュール地をたっぷり使った波打つフロック──
これがシャネルの『201』、新しくて魅力的な服」と記している。(イラストレーション＝エリック、1933年)

'貧困の反対が
贅沢だと考えている
人もいるけれど、
それは違う。
下品の反対が
贅沢なのよ'

ココ・シャネル

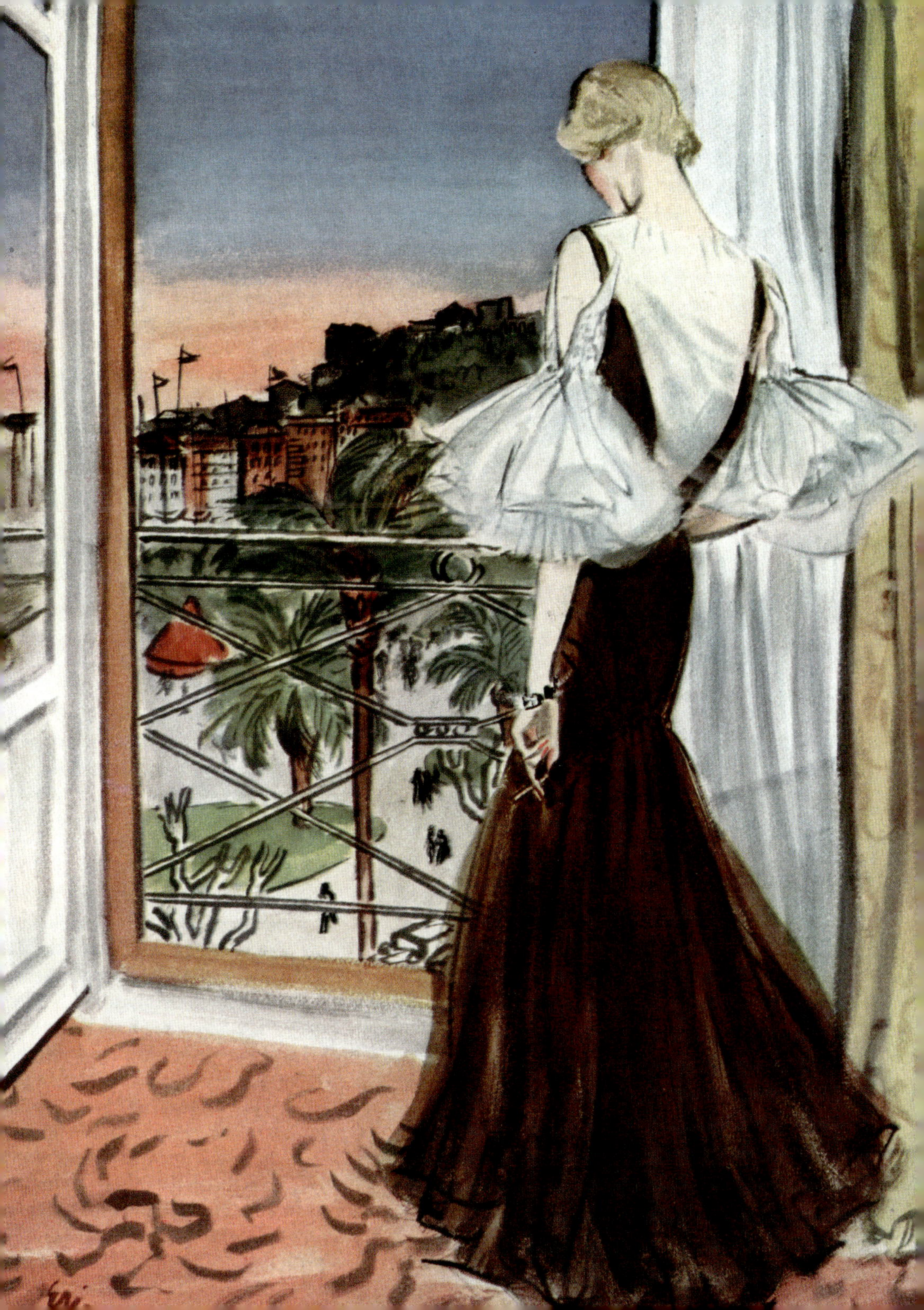

ウェストミンスター公爵がシャネルに贈った、16世紀にオーク材で作られた家具は、ラ・パウザのいくつも連なる浮世離れした雰囲気の大きな部屋に地に足の着いたエレガンスを添えた。高い天井から下がるスペイン製の錬鉄のシャンデリアは「完全に流行遅れだった」とインテリアデザイナーのロデリック・キャメロンは回想している。しかし凝った照明は広すぎる程の空間に思いがけないドラマをもたらした。彼女のベッドルームも例外ではなかった。その壁には18世紀のイングリッシュオーク材のパネルを張り、大きな暖炉を据えつけた。彼女がセントラルヒーティングを嫌っていたためである——ただし客間は譲歩してセントラルヒーティングをつけた。錬鉄のベッドヘッドには星やアミュレット、花を取りつけてオリジナリティを出し、ベージュのタフタ生地をふんだんにカーテンやベッドスプレッドに使った。

　1938年の『ヴォーグ』に掲載された「シャネル邸にて」という見所満載の記事では、件の「神聖なヴィラ」でゲストを相手にホストを務めるシャネルの姿が写真に収められている。これは自宅で過ごすファッションデザイナーを取り上げ、流行の仕掛け人として描いた最初の記事だった。現在この手の記事は珍しくもない——中でもジョルジオ・アルマーニやラルフ・ローレンといったデザイナーがシャネルに倣ってホストや審美家の役割を引き受け、キャリアの階段を駆け上っていった。シャネルはビュッフェスタイルの昼食が出される1時の直前にベッドルームから現れた。「イタリアンパスタ、英国風コールドローストビーフ、フランス料理——様々なものが少しずつ供された」と『ヴォーグ』のベティーナ・バラードは真昼の饗宴を回想している。シャネルが12人以上のゲストを招くのは稀で、「言葉にできない位楽しかった」とつけ加えている。

　シャネルの庭師マリウス・アニェリは樹齢1世紀のオリーブ20本の植樹を監督した。この木はシャネルがラ・パウザで登れる木がほとんどないことを知り、アンティーブから取り寄せたものだった。「彼女の庭は特別だった」とロデリック・キャメロンはいう——シャネルはラヴェンダー等の「『貧相な』植物を初めて栽培した人物だったから」。『ヴォーグ』は「柔らかなパープルグレーの色合いが輝くような空や海と対照をなし、それは美しかった」と記述している。さらにラ・パウザのスタッコ壁をつるバラが彩り、パティオの雰囲気にさりげない美しさを添えていた。

ラ・パウザとリヴィエラの環境はシャネルのデザインに影響を与えた。『ヴォーグ』は腰かけているモデルのドレスを「霞にも似たベビーブルーのチュールが泡のように床へと流れ、ピエロのようなルーシュをケープに」と描写した。確かに彼女のヴィラから見える地中海の泡立つ波を思わせる。（イラストレーション＝ホルスト）

次ページ　ラ・パウザに咲くアイリスとラヴェンダーのパープルもシャネルのパレットに加わった。シフォンのドレス（左）とヴァイオレットのヴェルヴェット製スーツ（右・中央）。（イラストレーション＝左：エリック、右・中央：クリスチャン・ベラール）

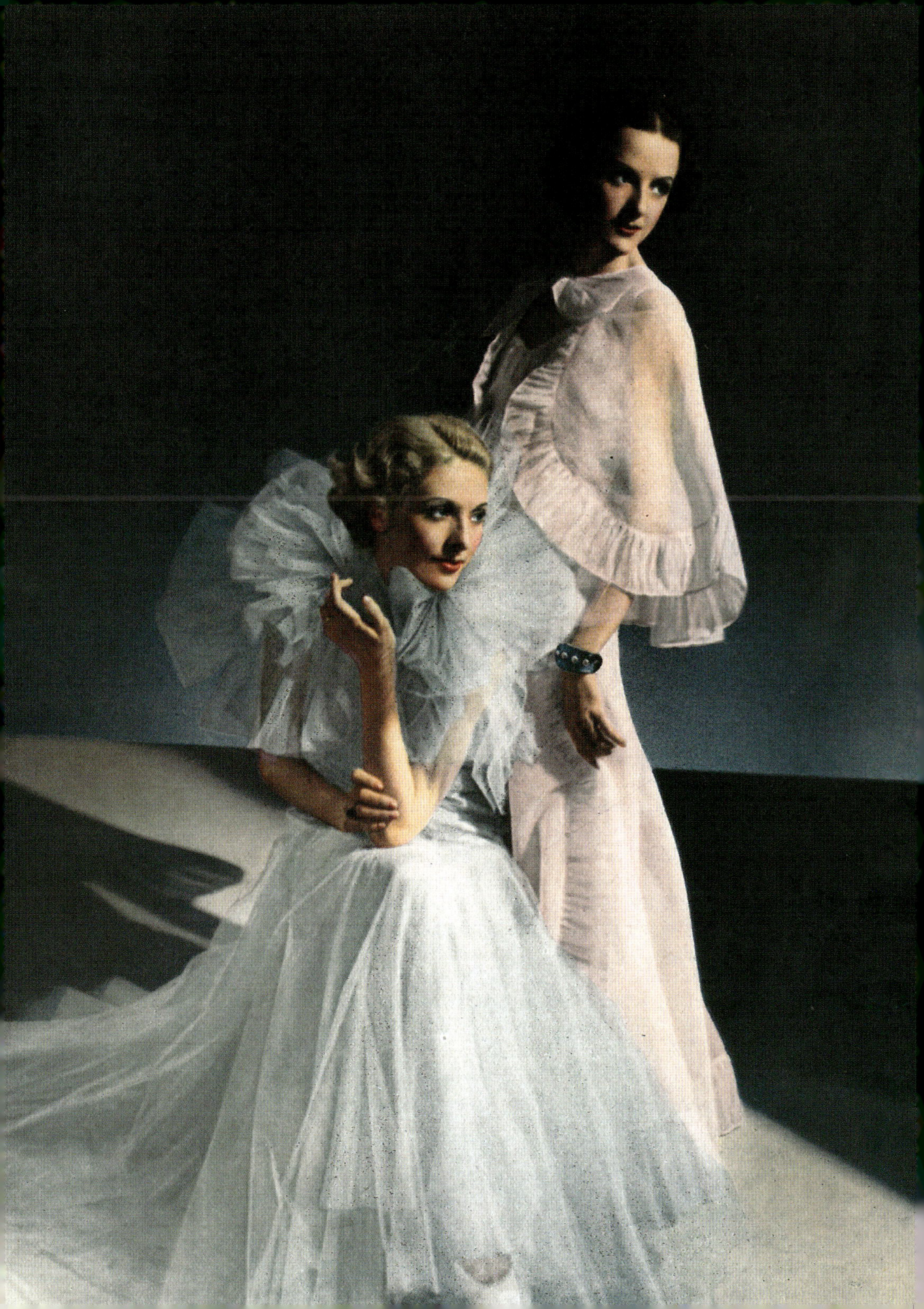

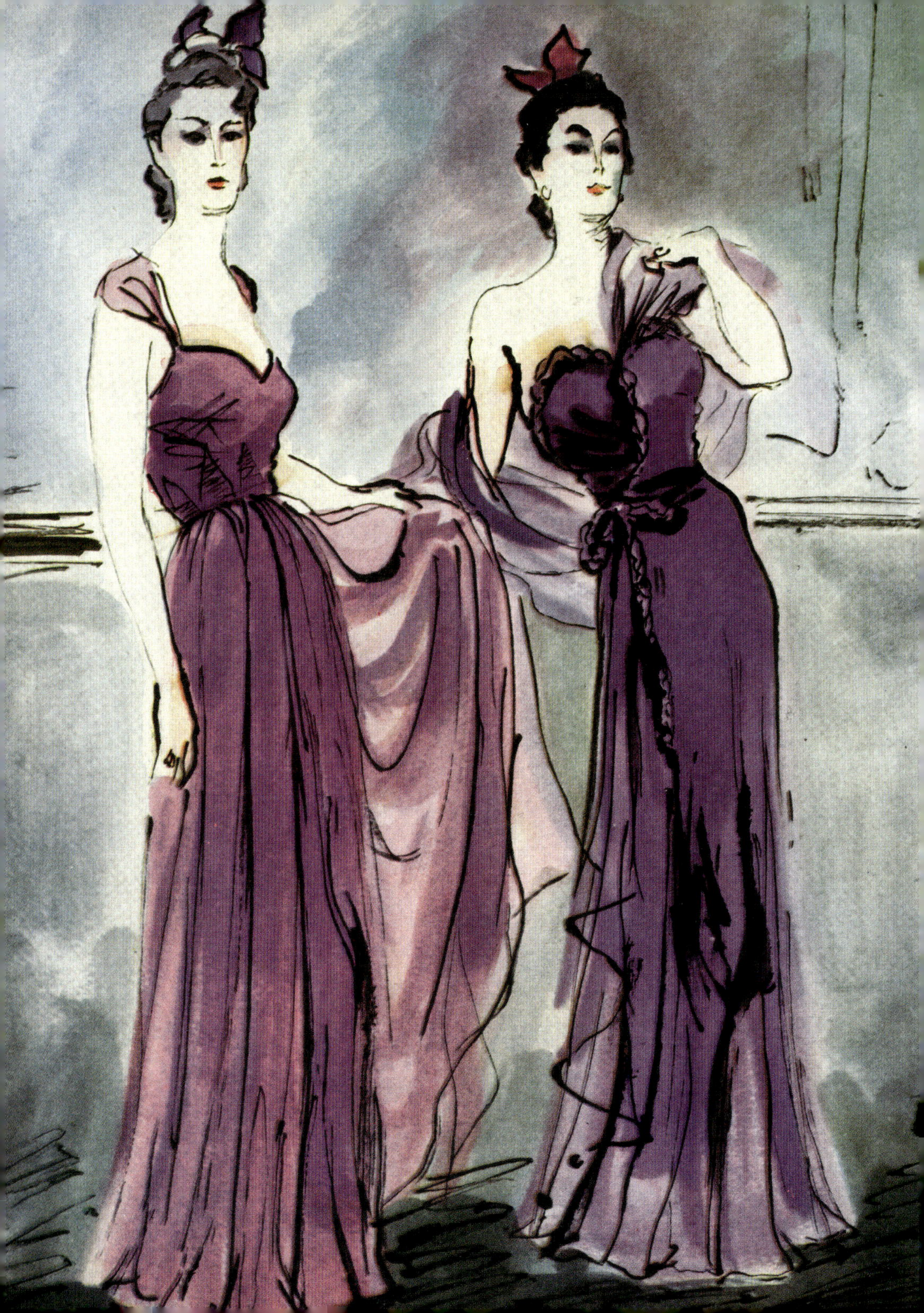

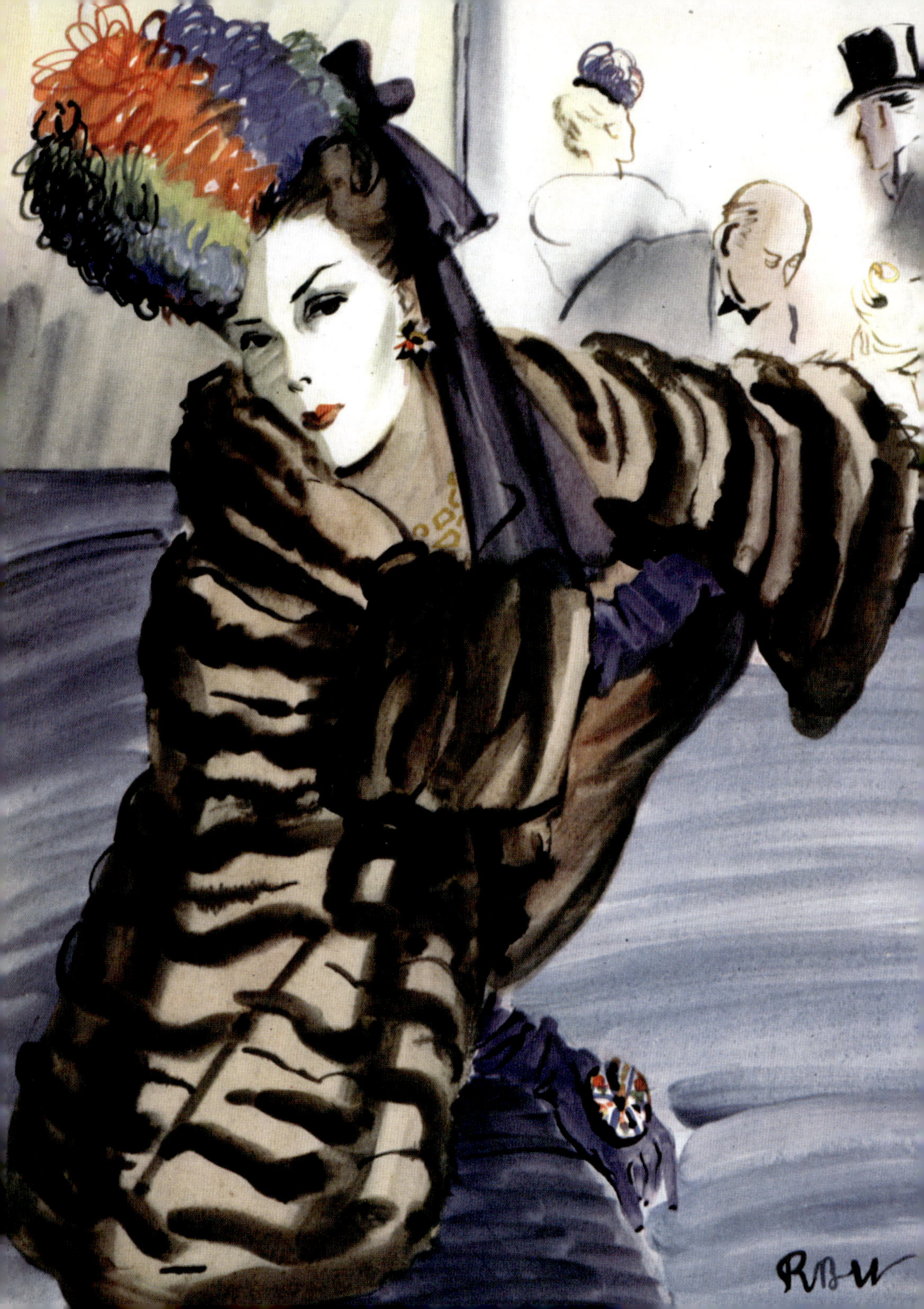

ラ・パウザはシャネルのコレクションに顕著な影響をもたらした。ラ・パウザは赤い岩が連なるモンテカルロ湾を見下ろす高い丘の上にあり、地中海の絶景が望めるが、裾が床まで届く「泡立つような」スカート、そして「ピエロのルーシュ風ケープ」等、1935年夏に発表された儚い幻のようなベビーブルーのチュールドレスは、地中海の砕ける波を思わせる。また1937年製作のゴールドラメのアンサンブル、1938年春に発表された淡いブルーのカラムドレスとヴェールを銀のシークイン*で「星座」のように飾った作品はコートダジュールのまぶしい陽光と晴れた星空を彷彿とさせる。『ヴォーグ』が「奇妙な」色と表現した色彩――1938年冬発表のドレープを寄せたギリシャ風シースとスカーフの青灰色――は、明らかにラ・パウザの外面を覆う落ち着いた灰色のスタッコ仕上げにヒントを得たものだ。1938年からシャネルのカラーパレットにひっそりと加わり、1939年の豪華なヴェルヴェット製スーツやシフォン製フロックに使われたパープルは、「群生する」フレンチアイリスの色合いを連想させるが、『ヴォーグ』はラ・パウザ内や周辺にフレンチアイリスが繁茂していることに気づいていた。

1930年代後半、シャネルがコレクションに導入したのは新たな色だけではない。それまでにない形やファブリックも取り入れた。シルク、リボン、ヴェルヴェット、レース、長いタフタやチュールが魔法でも使ったように素晴らしい衣服に仕立て上げられ、パリの着こなし上手な女性達がまとって絢爛たる仮装舞踏会へと出かけていった。仮装舞踏会は1935年から1939年夏までパリのエリート階級にとって外せない社交イベントだったのである。シャネルのイヴニングドレスとスーツは手がこんだきらびやかなものになっていった。ストラップレスでウェストを絞り豪華なスカートを合わせたシャネルらしからぬものまであった。そのロマンティックなトレンドは1939年のジプシーコレクションで頂点に達する。多色のフルスカート*2やレースと刺繍を取り入れたコレクションへの批評家の評判はよかった。「ジプシー風スカート、ブロケード、小さいボレロ、髪にはバラ――私が持っていたシャネルの服を見せたいものだ」とダイアナ・ヴリーランドはその美しさを回想して記している。

しかし、よくあることだが贅沢な衣服の登場は一時代の終わりを告げるものだった。1939年に第二次世界大戦が勃発し、シャネルは負け知らずの四半世紀にピリオドを打ってクチュールハウスをたたんだ。

人目を引くアンサンブル:チュールのスカーフをつけ、フリンジが絡み合うバスビーのような帽子に「シャネルは見事なセーブルのケープを合わせ、青いスエード製手袋の片方にはファンタスティックなジュエルをつけている」と『ヴォーグ』はつづっている。(イラスト=レーヌ・ボート=ウィロメ)

次ページ シャネルによる手のこんだマルチカラーのイヴニングガウン。素材はオーガンザのプリント地(左)。オーガンジーと重ねたフリルレースを用いた3色のガウン(右)。(イラスト=左:ベラール、右:エリック)

* 小さな服飾用スパングル。
*2 ギャザーの着いた長いスカート。

For dining in Paris at the Argentine Pavillon. Two Chanels—both of printed organza. Notice the tucks on the hips.

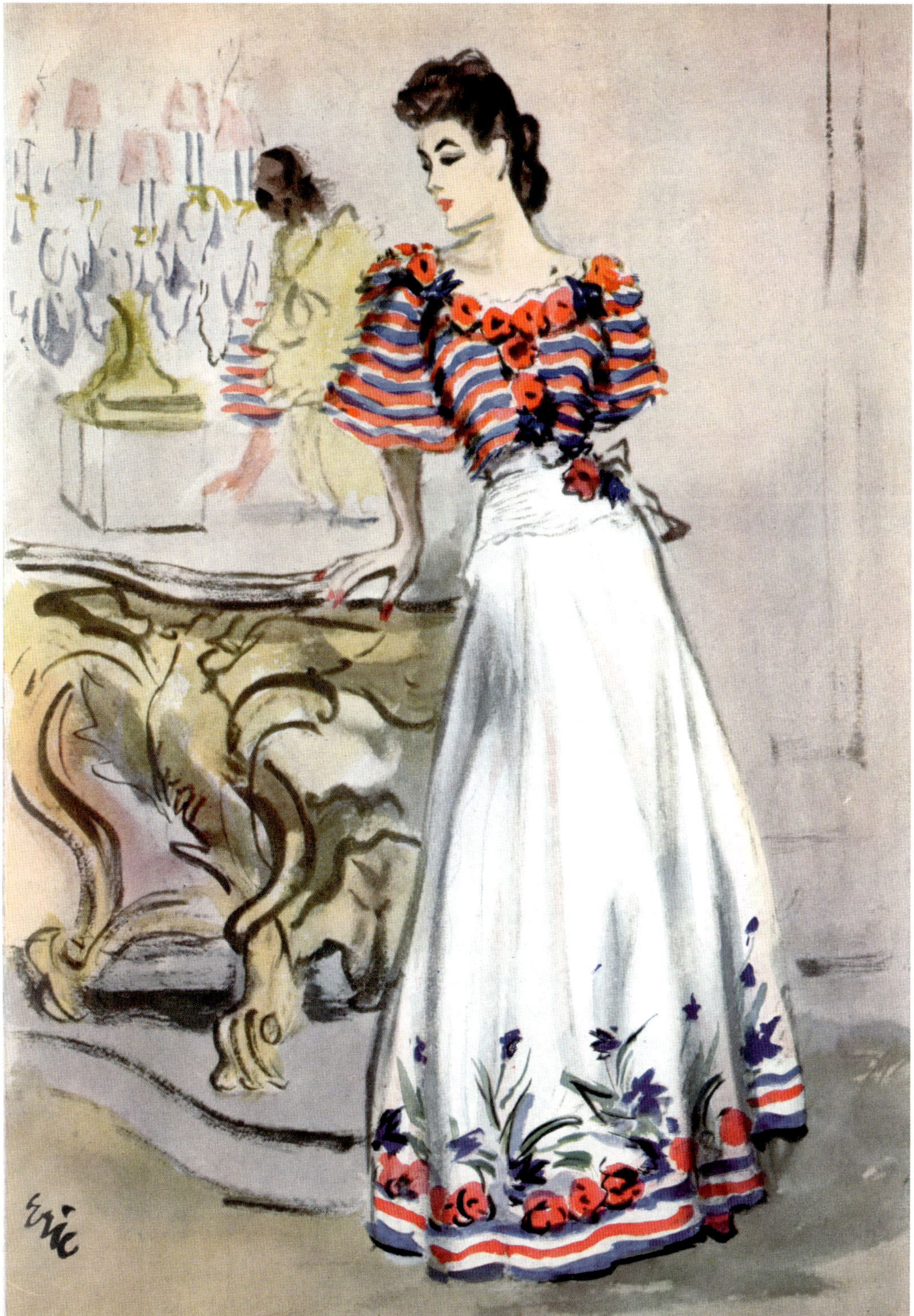
Eric

遅かれ早かれ
いつか仕事を再開する
つもりだったわ…
潮時を見計らっていたのよ

ココ・シャネル

復活

シャネルはパリのオテル・リッツで第二次世界大戦をやり過ごした。終戦時、彼女の先行きは定かではなかった。ドイツのナチ将校との愛人関係も知られており、表立ってドイツへの協力行為で罪を問われることはなかったものの、彼女は用心のためスイスに引きこもって数年間過ごす。すこぶる幸いにもCHANEL N°5の売り上げはなおも好調で、人々の記憶が薄れるまで待ち、終戦以来ファッション界を牛耳っている男達——彼女が忌み嫌った古臭くて窮屈な服を女に着せる輩達——に反撃する絶好の機会をうかがう経済力がシャネルにはあった。

　そんな男達の旗手が、1940年代にリュシアン・ルロンの下で働いていたクリスチャン・ディオールだった。ニュールック——フィット・アンド・フレア*というスタイル名で知られるようになる——によってコルセットが復活した。彼の夜会服やゆったりしたスカートと合わせたジャケットにはコルセットが入っていたのである。ディオールは斬新でテンポの速いショーでこれらを発表し、おかげでフランスのファッション業界は息を吹き返した。ひらめくスカートが全てを変えたと米国版『ヴォーグ』のヨーロッパスタイル・エディター、ローザモンド・ベルニエルは回想する。1947年2月12日、彼女は早足のモデル達が「長いフルスカートを翻らせながら近づき、金色の椅子の脇にあった小テーブルの灰皿を文字通り払い落としていった。これには誰もが仰天した」という場面を目撃した。バイヤーは「ショーが終わってもいないのに」フィッティングルームに駆けこんだという。

『ヴォーグ』が「シャネルのテーマソング」と評した1959年発表の畝織りウールジャージーのスーツ。色はネイビー、白で縁取りされ、ノーフォークジャケット風のベルトが通されている。（イラストレーション＝レーヌ・ブーシェ）

　しかしシャネルはディオールのスタイルを過剰で洗練されていず、流行遅れととらえていた。彼女を駆り立てて再びハサミを握らせたのは、そんなドレスへの対抗心だとも伝えられている。「何よ、これ！」——ストラップレスの「スイートハート」ボディスと、その内側に仕込まれていたコルセットを見てシャネルは声を上げた。そして深紅のシルク製カーテンにハサミを入れ、スリムなラインを持つドラマティックなイヴニングドレスを作り上げたのである。時は1953年、場所はニューヨーク、これを着たのはマリー＝イレン・ド・ニコレイ（1957年にギー・ド・ロートシルト男爵と結婚）だった。彼女はドレスが大反響を呼んだとシャネルに報告した。「みんなが聞くのよ、誰がデザインしたのかって」

*細く絞った上半身にゆったりしたスカートを合わせるスタイル。

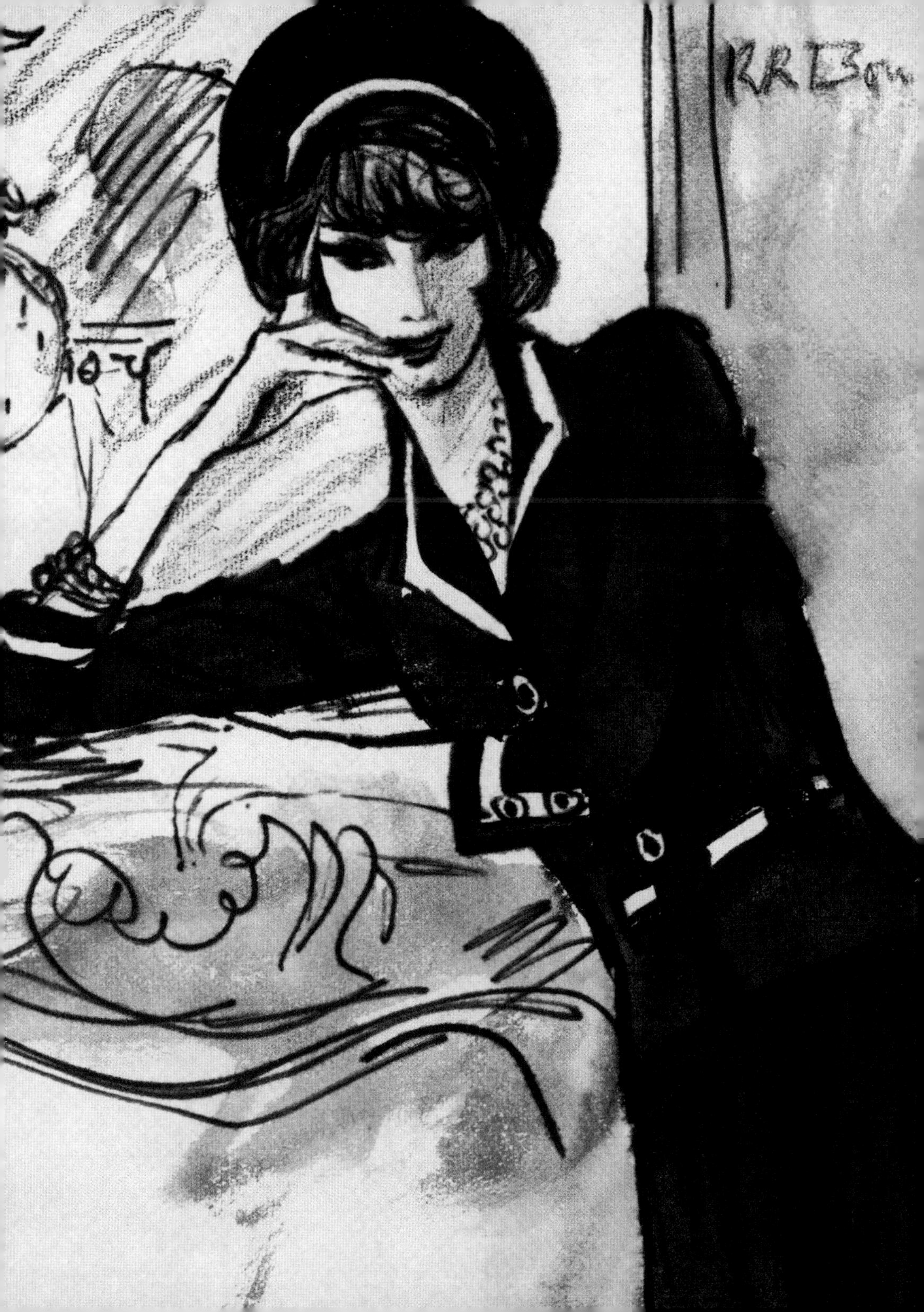

スージー・パーカー——テキサス出身で当時一番の売れっ子だった赤毛のモデル——もシャネルの復活に弾みをつけた。パーカーと姉のドーリアン・リーはスーパーモデル世代の先駆けで、戦後に『ヴォーグ』誌上を席巻した賑やかなファッションイメージに無くてはならない存在だった。ファッションフォトグラファーであるリチャード・アヴェドンの駆け出し時代のエピソードをもとにした映画『パリの恋人(1957)』にも脇役として出演したが、これはパーカーがアヴェドンのミューズだったからだ。パーカーのボーイフレンド、'ピトウ'——本名ピエール・ド・ラサール、上流階級向けの『パリス・マッチ』紙のジャーナリストで、後にパーカーと結婚する——は、カンボン通り31番地で開かれたトランプパーティが、シャネル手持ちの作品を見直して新たなコレクションを生み出す重要な転機になったと語った。夜半ば、シャネルはパーカーをせき立てて自分のワードローブをかきまわさせ「好きなものを取らせた」のである。胸を躍らせたパーカーはシャネルの願いを聞き入れて1938年に彼女が発表したドレスで席に登場し、出席者をうならせた。ディナーを取るためカフェ・プロコップに場所を移した一行がテーブルにつくと、隣には『Elle(エル)』の創刊者兼編集者エレーヌ・ラザレフがいた。「彼女はシャネルの服を着たスージーを見てすっかり興奮した」とド・ラサールは回想する。シャネルのインテリアデザイナーで友人のジェラ・ミルが「ココの服です」とラザレフにささやくと、彼女はシャネルの服を着たパーカーを『Elle』の表紙に使うと告げた。こうしてシャネルの復活劇が幕を開けた。

　シャネルがサロンを再開する直前、『ヴォーグ』はインタヴュー役としてローザモンド・ベルニエールを送り、エリックに取材時のスケッチを依頼した。ベルニエールは「ジュエルを下げた不機嫌な小柄の偶像が特大の鳶色のソファの縁に座り」、そして「未だ変わらぬシャネルならではの伝説のエレガンス」を漂わせていたとシャネルを描写した。シャネルはデザイナーとして当節のファッションを「張り骨なんてとんでもない…衣服のエレガンスは自由に動けることよ」と一蹴し、自分のデザインなら「女性を愛らしく若く見せることができる」とベルニエールに語った。

1954年

1月、『ヴォーグ』のローザモンド・ベルニエールがサロン再開を取材するためシャネルのもとを訪れた。1階のブティックを除き、カンボン通り31番地の本社は第二次世界大戦中ずっと休止状態だった。ビジネスを立て直すため、彼女は近くの不動産と「雑草が生い茂って古くなった」ヴィラ・ラ・パウザを売り払った。香水会社の持ち主ヴェルテメール兄弟もクチュール製作の資金を提供してくれた。シャネルはベルニエールに長時間語ったが、コレクションについては機能性というテーマとパリ社会の若い美女達の面々をショーのモデルとして募っていることだけを明かし、他はほとんど話さなかった。

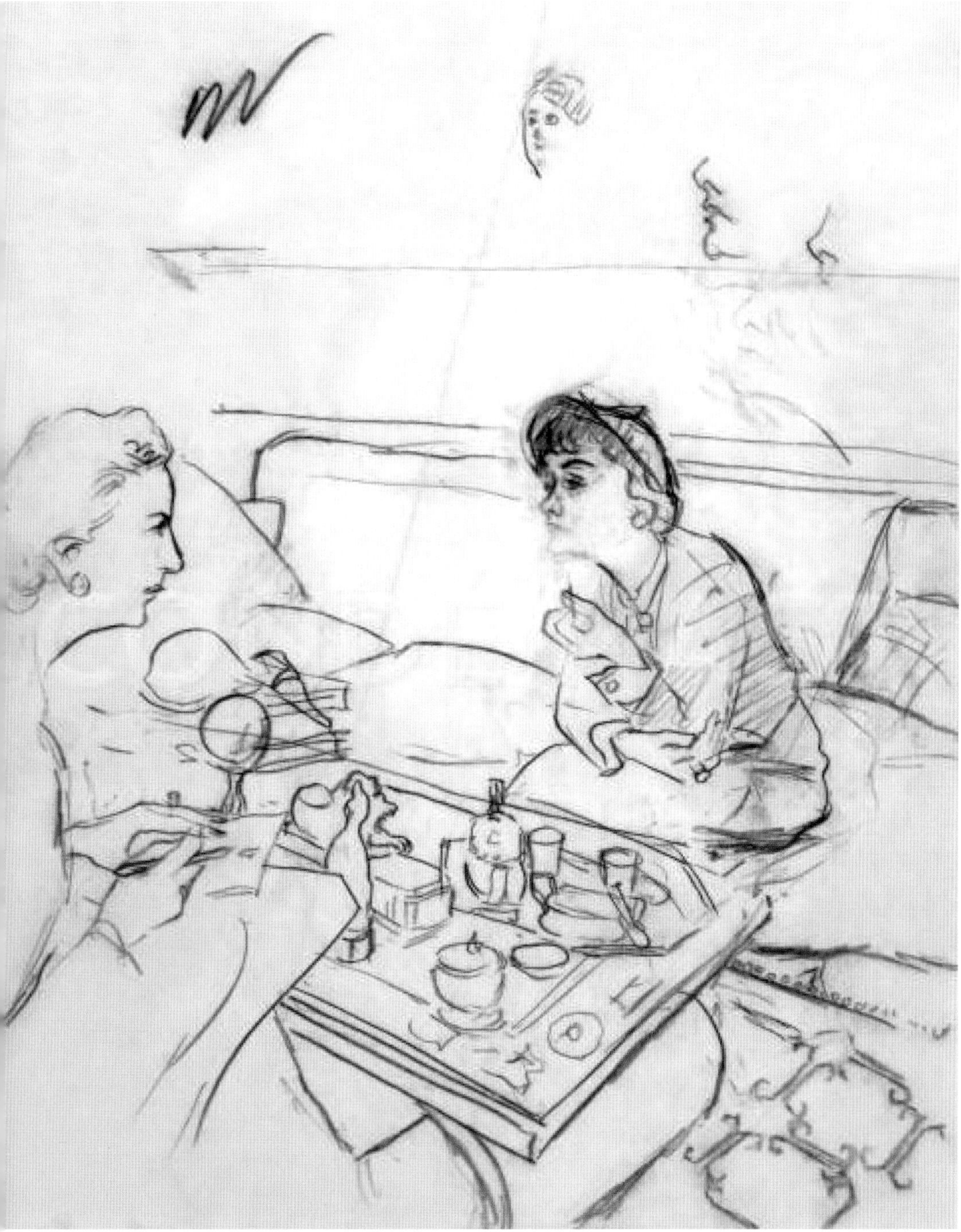

「シャネル・ルック1954」を紹介した『ヴォーグ』は、シャネルのカムバックコレクションの話題で「パリは持ちきりとなり、意見が真っ二つに分かれた」と報じた。モデルはスージー・パーカー。いかり肩でネイヴィーカラーのスーツ、ボタン留めしたブラウスがずれて上がらないように配慮した快適なウエストバンド、ネックボウ、ガーデニア（クチナシ）ピン、後ろにかぶるセーラー帽がいかにもシャネルらしい「気楽でカジュアルなジャージーを思わせる魅力」。（写真＝ヘンリー）

キャットウォークを歩くモデルに「個性」を求めたのもシャネルの発案だった。以前の全盛期のシャネルのショーでは無名のマヌカンたちが「無表情」で歩き、「ドレスに視線を引きつけておくため」白いストッキングをはいて練り歩いていたとベルニエールは記している。

　　ベルニエールが『ヴォーグ』のインタヴューを行っているとシャネルのもとに電話がかかってきた。モデルの話をしていたが、25歳に届かないという理由で1人断った。「私が欲しいのは胸とお尻のあるモデルよ──存在感あるスタイルのね──エレガンスを備えていないと困るの」と受話器を置いてから語ったという。「一番大切なのは健康と『生きる喜び』よ。気立てがよくてスピリットが若いことも大事。私のドレスは女性を若く見せるから。うら若い女の子──若い子だけが美しいわけじゃないわ。女性は40歳を過ぎてから面白くなるというのが私の持論なの」

　　シャネルは友人をモデルに誘ってほしいとマリー＝イレン・ド・ニコレイに頼んだ。こうして最終的にモデルとなったのが、小説家にして詩人のギ・ダコーンゲ伯爵と結婚したマリア・ウジェニア・'ミニ'・オーロ・プレート、後にシャネルの著名クライアントの私設秘書となるオディル・ド・クロイ王女、フランスのファーストレディであるクロード・ポンピドー、アレクサンドル・デュマの子孫で後にジャーナリスト兼小説家として有名になるクロード・ド・ルース、女優となりシャネルのミューズにもなったマリー＝イレン・アルノー等であった。このそうそうたる顔ぶれは「シャネルのジャケット」といわれる。シャネルブランドの使節を務める──ショーに出演し1950年代を通して『ヴォーグ』のモデルとなる──見返りとしてシャネルは自らの最新デザインの服を提供した。マーケティング手段として彼女らがどれほど役立つか、シャネルは気づいたのである。「顔が広いため」彼女らは「あらゆる場所に赴く。シャネルはそれを知っていた」とリーサ・チャニーは評した。しかし実際の所、カンボン通りでのデビューは精彩を欠く結果となった。

　　「さぞ素晴らしい服なんだろうな──さもないと承知しないぞ」──1954年2月5日、これが戦後初めてのシャネルコレクションを見に集まったバイヤーと編集者の間に漂う空気だった。サロンのドアが開くと大勢がなだれ込んだ。『ウーマンズ・ウェア・デイリー』は殺到する人波が「ラッシュ時のニューヨークの地下鉄」を思わせたと描写した。ところが対照的にシャネルのモデルたちは静かに練り歩いた。『ヴォーグ』のスーザン・トレインはそれが「延々と続いた」と回想している。

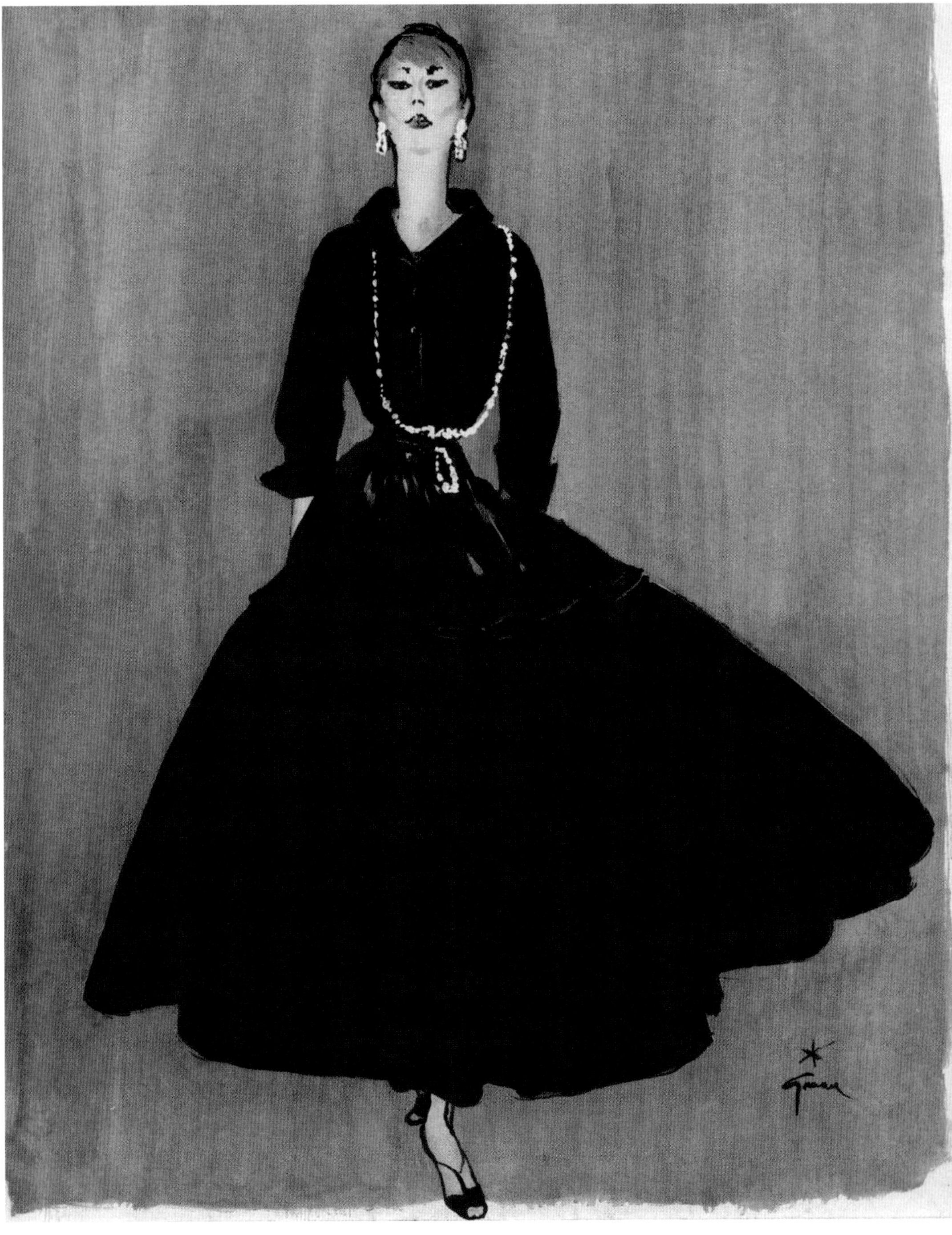

批評家の大半、特にフランスの批評家は失望してシャネルのスーツ——1930年代に彼女自身がデザインした服をベースにした、こざっぱりした膝丈のスカートとカーディガンカットのジャケットのアンサンブル——を時代遅れととらえた。しかし米国および英国バイヤーの見解は異なった。凝りすぎたニュールックへエレガンスと機能性がつきつけた答えであると見なして歓迎し、即座に注文を入れたのである。シャネルのショーから1ヵ月もしないうちに、『ライフ』——当時、世界で最も影響力が大きかった雑誌——は彼女の復活を勝利と絶賛する長い特別記事を組み、そのような「大きな賭け」に出た勇気を称え、さらには「シャネルはその手腕を少しも鈍らせていなかった」とつけ加えた。同月、すなわち1954年3月に『ヴォーグ』は4ページの記事を掲載し、コレクションの持つ繊細さは「大勢を驚かす目的よりも、おそらくは几帳面な個人のクライアントに合っている」と同誌のファッションエディターであるベティーナ・バラードが述べている。相変わらずフランスのメディアは大半がシャネルに冷淡だったが、エレーヌ・ラザレフは約束通りカバーストーリーを掲載した。スージー・パーカーは『Elle』1954年11月号の記事に看板役として登場し、カムバックコレクションの1つ、朱色のツイードスーツをまとう姿は「マドモアゼル」その人を思わせた。ラザレフはシャネルをフェミニストの先駆者ととらえており、そのクラシックなスタイルは「投票に行き、勤労する自立した女性・・・無駄な時間などない——特に（自分が着る）服を選ぶ時間がない女性」に理想的だと考えたのである。

シャネルは20歳を越えた女性は「肩まわり、または腕の付け根の上にちょっとしたたしなみ」が必要だとローザモンド・ベルニエールに語った。『ヴォーグ』はこのティアードスカートにシャツスタイルのトップスを合わせた黒いヴェルヴェット製イヴニングドレス（1954年）に見て取れる「体を覆うスタイルを好む傾向」を取り上げた。（イラストレーション＝ルネ・グリュオー）

' 女性が身なりを整えずに家を出るなんて
理解できない——たしなみの問題に限っても。
ひょっとしたら運命のデートの日かもしれないのに。
運命のためにもできるだけ美しく装うのが一番よ '

ココ・シャネル

その後20年間というもの、シャネルの影響は世界中を周遊する有閑階級のみならずワーキングガールまで広く及んだ。サー・フランシス・ローズによれば、上層階級に属するニューヨークの女性はシャネルの「無駄な時間をかけず女性という女性を優雅でエレガントにする・・・洒落たエレガンス」を真似たという。1960年代半ばには、パリで販売される女性用スーツ10着のうち7着がシャネルのコピー品だった。女性達はシャネルによる高級なアンサンブルの安価なレプリカを買うために米国のデパート、オーバックに行列を作った。シャネルは意匠権侵害に抗議するでもなくかえって喜んだ。「世界中が自分の服を着ていないのなら、ファッションを作っているとはいえない」からだという。ディオールのニュールックも大流行したが、シャネルスタイルの人気は根強かった。

　1978年に既製服タイプが登場するまで、シャネルのスーツは完全にオートクチュールに限られ、軽量でしわのできにくい天然素材のファブリックを用い、製作には手作業で約150時間かかった。様々なシーンに着回し可能で、エレガント故に昼夜問わず使え、考え抜かれたディテールがさりげなさを装ったシックを一層引き立てた。カーディガンのように心地よく肩にフィットする上質のカット、そしてブラウスを押さえすっきりスカートの中に収めておけるようウエストバンドに縫いつけられたリボンなどがその例である。またジャケットのシルク裏地のヘムラインには、ラインを保ち体にうまくなじませる目的で見えないように鎖が仕込まれていた。ポケットにはちゃんと実用性があった。シャネル自らスーツのポケットの中身を出して見せて『ウーマンズ・ウェア・デイリー』の記者を驚かせたこともある。「ハンカチーフでしょう、それに時計、これが鍵、そしてお金。バッグを持ち歩く必要なんてないわ」

　実際はバッグもプロデュースした。1955年2月にサロンで発表したことにちなんで2.55と名づけたこのバッグを、以来どこに行くにもシャネルは持ち歩いた。柔らかいレザーやジャージー生地に斜めに手縫いされたパターンは、シャネルが気に入っていた馬丁ジャケットのキルティングを思わせる。彼女は他のジャケットの裏地にもキルティングを採用している。金色のチェーンに革紐を編みこんだショルダーストラップから小ぶりの長方形の2.55が下がる様子は宝石さながらであった。最初はシャネルの好きな色──ネイヴィー、ベージュ、黒、茶──で製作された。すぐに人気となったため他のハンドバッグも作るよう勧められたが、シャネルは断ってこう説明した。「慣れたバッグがいいのよ。どこにお金や他の物を入れるか分かってるでしょう。いつまでも革新だけを追うわけにはいかないわ」

オディル・ド・クロイ王女――「シャネルのジャケット」の1人――
がベージュのウールコートのモデルに。
パイピングと裏地はネイヴィーブルーのシルク。
1959年、『ヴォーグ』は「カーディガンのようにとことん楽な着心地」
に仕上げられていると評した。(写真＝ヘンリー・クラーク)

1957年9月、『ヴォーグ』はシャネルのコレクションを
「会場はよく知られた漆塗り仕上げのサロン
──上はブーシェによるスケッチ──モデル達は
意匠を凝らしたスクリーンの裏からゆったりした足取りで現れた。
自らがまとう衣服が、時代に左右されず真似もできないシンプルさ
という非凡なスタイルを備えていることを心得ている彼女らは堂々たる
──いっそ傲慢ともいえるような自信を持っていた」と評価した。

次ページ　白いジャージー（左）と白いブークレ織りウール（右）素材を用いたシャネルのスーツ。
どちらも対照的なダークネイヴィーのブレード（帯）で縁取りされている。
『ヴォーグ』は縁取りに注目し、1958年以降「多くのシャネルスーツに新たに加えられている」と記している。
（写真＝左：ヘンリー・クラーク、右：ウィリアム・クライン）

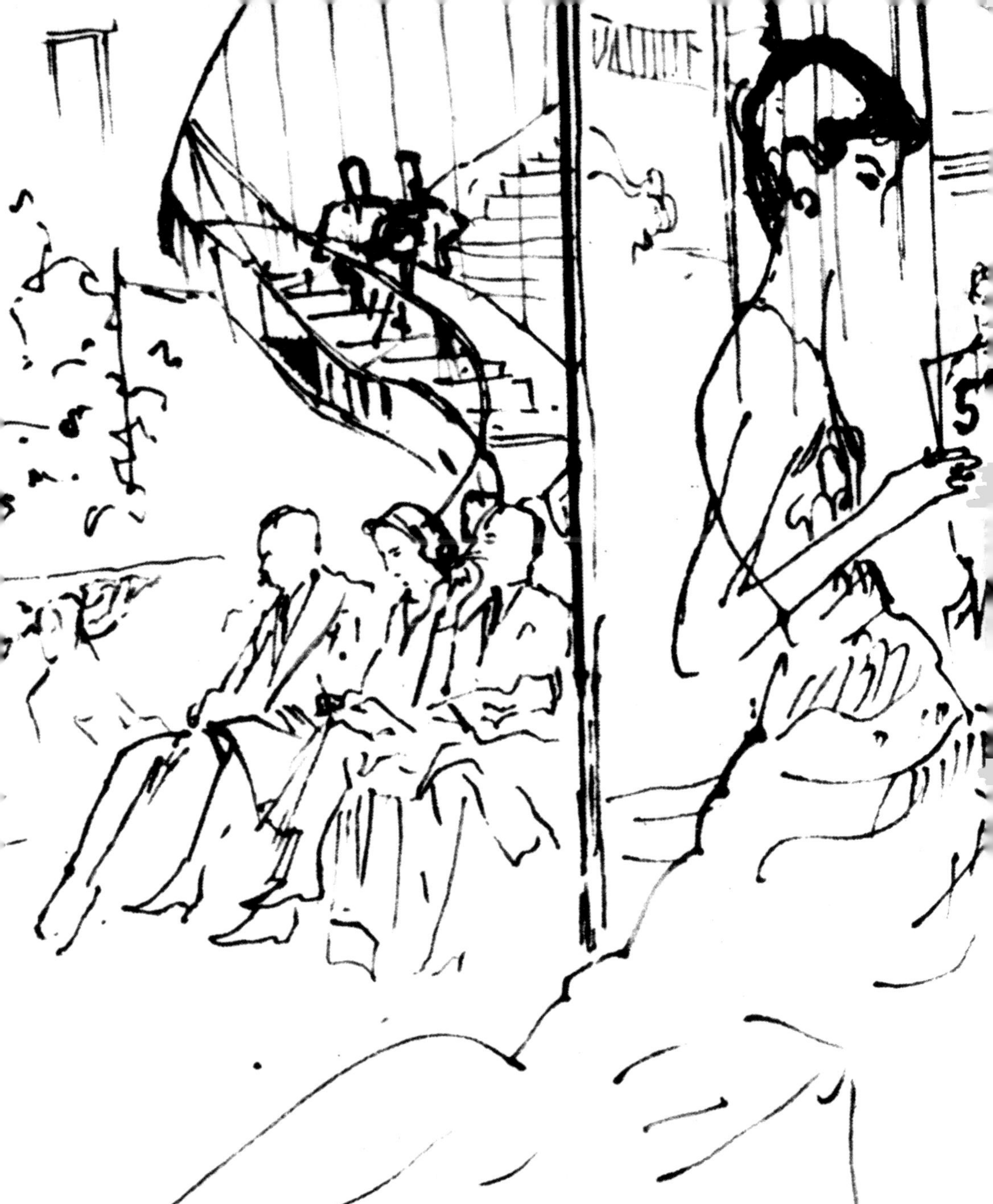

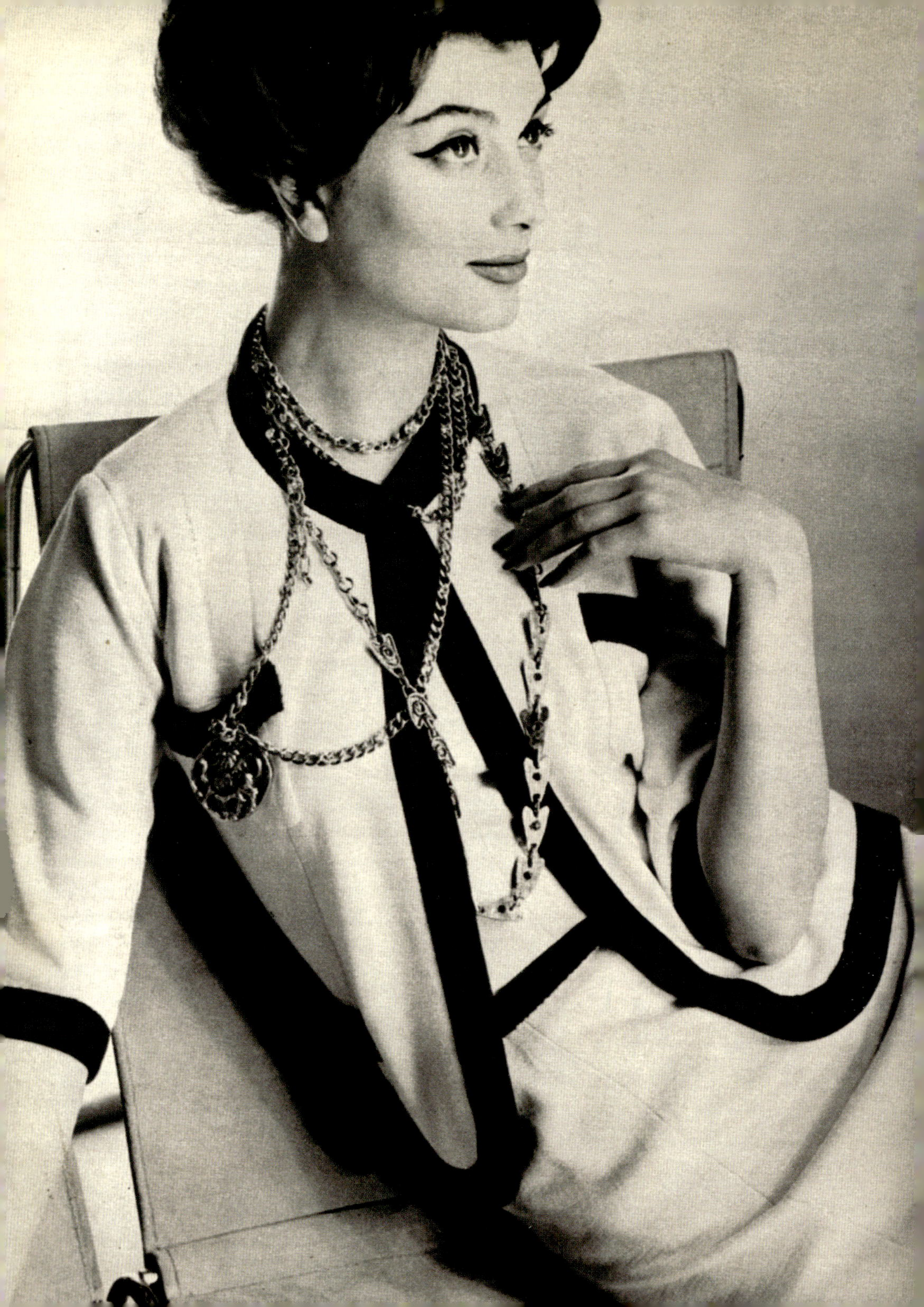

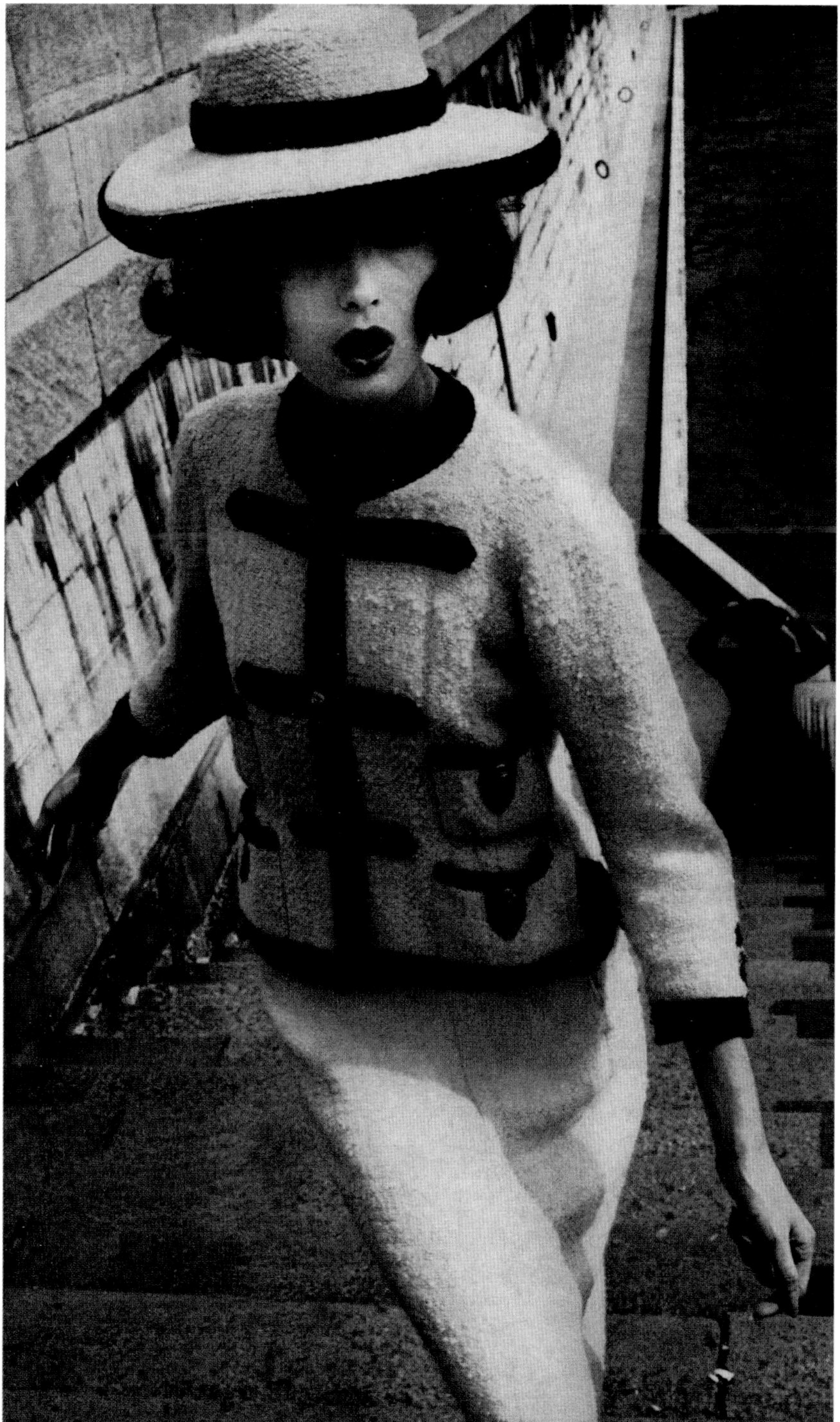

'みすぼらしい
装いをすれば
服装を
記憶されてしまう。
非の打ち所のない
装いをすれば
相手はその女性を
覚えている'

ココ・シャネル

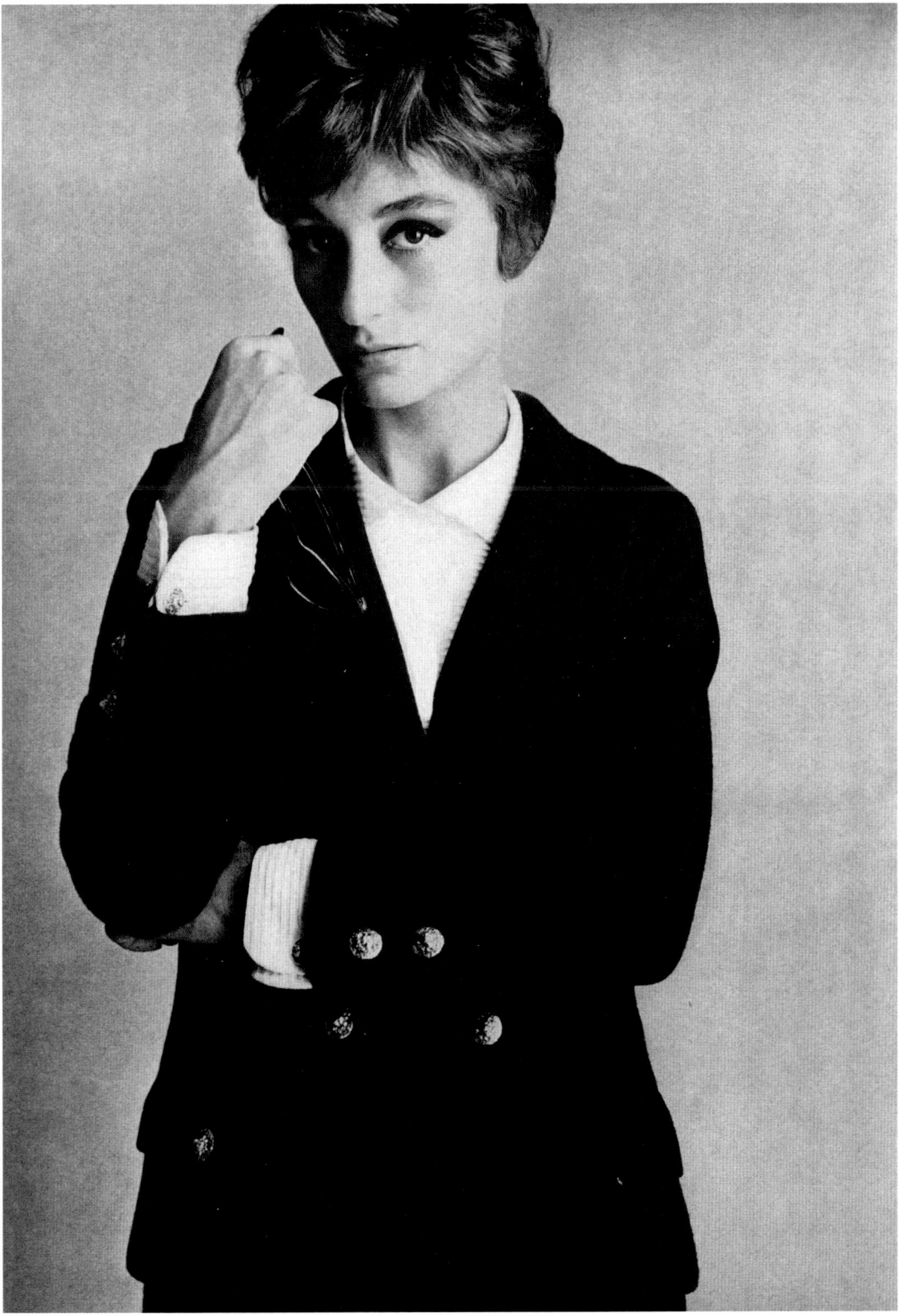

前ページ　シャネルのスモーキングジャケット・スーツを着る女優アヌーク・エーメ。
素材はネイヴィーブルーのジャージーで
金色のボタンとミリタリー・フラップポケットがついている。
白いシャツカフスはブレザーの袖口につけたもの（白いローンブラウスは袖がない）。
（写真＝アーヴィング・ペン、1965年）

シャネルのスタイルはあくまでもクラシックであり続けた。
「まるでアザミの綿毛のように軽いモーヴ色のツイードで作られた、
シャネルによる究極のカーディガンスーツ」の裏地は黄色とモーヴのシルクで、
ブラウスと合わせられている。右は白いリネン素材を使った
「はなはだしくロマンティックな」ハイウエストのドレスと金ボタンのジャケット。
小さな襟に添えられているのはガーデニアの花。（写真＝ウィリアム・クライン、1964年）

その頃スティレットシューズ*が流行り始めたが、シャネルのクライアントはこれを好まなかった。そこでシャネルはレイモン・マサロ——熟練の技術を持つ靴屋で、シャネルの店の近く、ド・ラ・ペ通りにアトリエを構えていた——と提携し、要求に応えられる靴を作ることにした。できあがったのは、黒いトウキャップ*2と低く太いヒールを備えた、ベージュのキッド革のスリングバックパンプスだった。ツートンカラーのパンプスは——ウェストミンスター公爵が好んだブローグ靴にヒントを得たといわれる——1957年に発表され、2.55バッグのように瞬く間にシャネルハウスの看板商品となった。人気は衰え知らずで、今なおマサロはシャネルクチュールとコーディネートできる様々な色合いのパンプスを作り続けている。

1960年代

、シャネルのハウスに急激な変化はなかった。スーツは相変わらず売上げを伸ばし、上流階級の女性は何着もまとめて購入した。その中にはスウェーデンやデンマークの王族もおり、公式の場で着用した。「考えられる理由は1つだけ——ミニスカートをはけなかったからよ」と、シャネル最後の「スター」モデルだったダナ・オズボーンは回想する。また1963年11月22日、オープントップのリムジン上で米国大統領ジョン・ケネディが暗殺された時、隣に座っていたジャクリーン・ケネディがピンクのシャネルスーツを着ていたことは有名である。ケネディ夫人はエアフォース・ワンの機上で大統領就任宣言をするリンドン・ジョンソンの横で立っている際も、血に染まったスーツを着ていたという。
　シャネルのプリントヴェルヴェットも大好評だった。また刺繍したシルクときらきら輝くツイードで作ったイヴニング用パンツスーツは華やかで素晴らしいものだった。ブロンドで背が高くスリム、おまけにフランス初のファッショナブルな大統領夫人にして近代芸術のパトロンとしても有名なクロード・ポンピドゥは、シャネルがデザインした膝丈の「バミューダパンツ」——シャネルが自分の嫌いなミニスカートの代わりとして1960年代後半に取り入れた革新的ボトムス——の普及に一役買った。シャネルは流行に敏いタイプではなかった。「そこで働いてると、困惑しそうになることもあったわ」とダナ・オズボーンは1968年を思い起こして語った。「夜にシャネルの服を着て外出すると他の人はみんなイヴ・サンローランをまとってるの……（でも）ココは頑固に自分のスタイルにこだわった——それで正解だったのよ」

シャネルのパンツスーツ。白と銀で縫い取ったシルクを使った、袖無しのトップスと幅広のストレートなパンツの組み合わせ。羽織っているのは薄いシルクジャージーの袖無しコート。右は金色に輝くツイードで作ったストラップショルダーのトップスとセーラーパンツ、そして金色のシフォンの袖無しコート。（写真＝デヴィッド・ベイリー、1964年）

* ヒールが細く鋭い形のハイヒール。
*2 靴のつま先の切り替え部分。

VOGUE ON ココ・シャネル

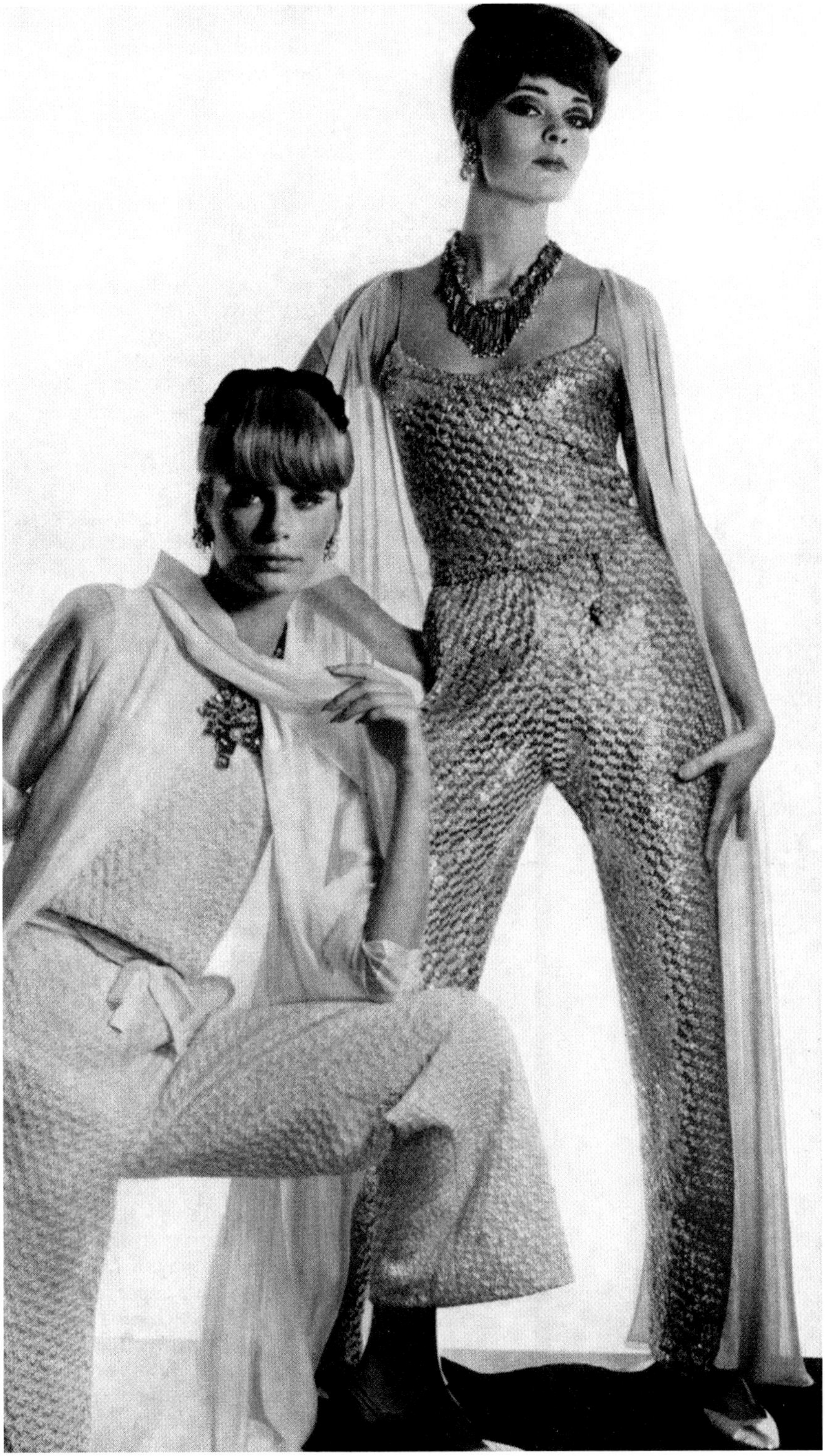

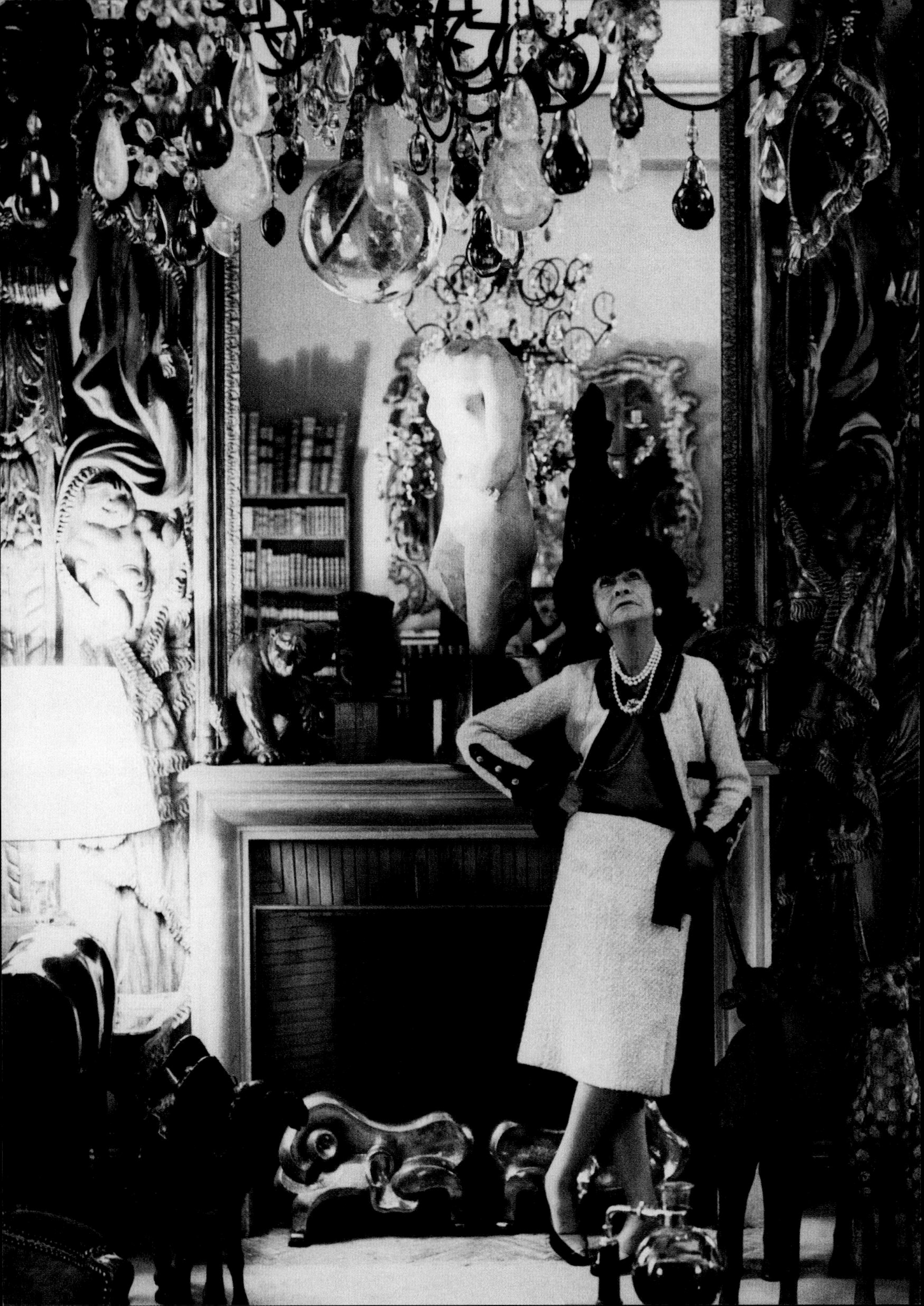

加齢は
精神状態の問題、
熱意と好奇心を
持ちつづける
べきね

ココ・シャネル

自らのアパートメントにて、
気品と威厳に満ちた
空間の中で撮られた
シャネルの写真。
(写真＝セシル・ビートン、
1965年)

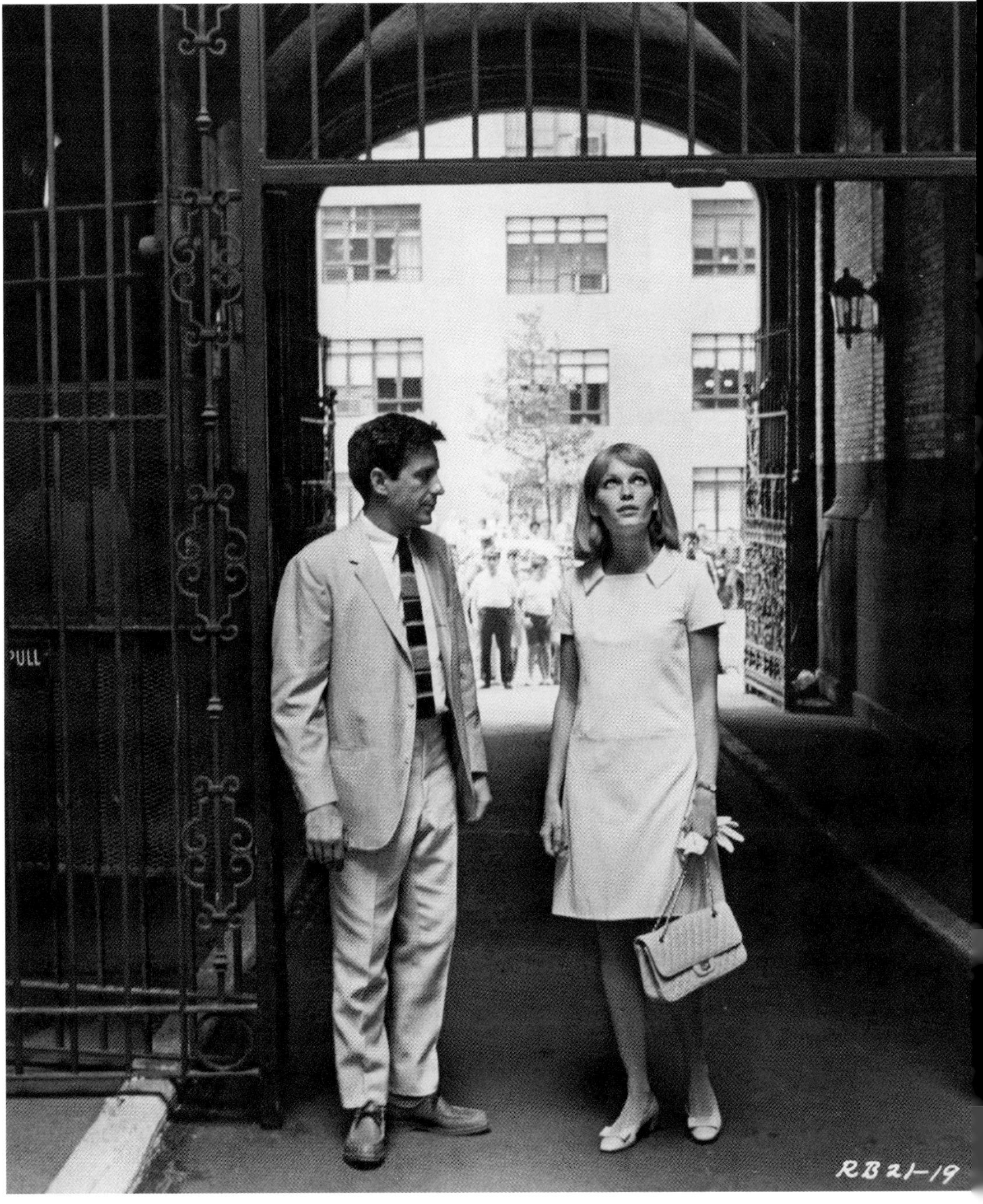
PULL
RB21-19

シャネルの生涯を描いた「ココ」というミュージカルが1969年にブロードウェーで初演を迎えたが、彼女はこれを見なかった。キャサリン・ヘップバーン主演で衣装は——トニー賞を獲得した——セシル・ビートンが担当し、興行は大成功を収めた。仕事で疲れてとてもニューヨークへは行けないと本人が観劇を断ったという。その言葉通り、晩年の彼女は仕事に取り憑かれたようになっていた。もはやオテル・リッツが自宅代わりだった。そこでは最高のくつろぎとサービスが提供され、セキュリティも万全だったばかりか、エネルギー全てをコレクション製作に注げたからだ。「好きな時に食べて、気が向かなければ出かけないで済むのよ」と彼女はいった。「縛られたくないの」

第二次世界大戦勃発から1971年にシャネルがこの世を去るまで、ホテル最上階にある白壁の3部屋のスイートで彼女は暮らした。急勾配の屋根深くはめこまれた細長い窓からはヴァンドーム広場を見下ろすことができた。現在、リッツでココ・シャネルが滞在したスイートは華やかなたたずまいとなり、カンボン通りにシャネルが所有していたアパートメントの主役だった、浅黒い漆塗り地に金絵が描かれたコロマンデル屏風が飾られている。しかし彼女が住んでいた時は簡素な空間だった。「私の屋根裏部屋は3つあるの」彼女はこういった。「1つは眠る部屋、もう1つは人と会う部屋、最後の1つは入浴する部屋」

ロマン・ポランスキー監督『ローズマリーの赤ちゃん（1968）』に登場するミア・ファロー。シャネルのアイコン、2.55バッグを様々なシーンで携えている。菱形にキルティングされたショルダーバッグは豪華かつ実用的で——スーツやリトル・ブラック・ドレスのように——シャネルブランドの代名詞となった。

セザール・リッツは女性が快適に過ごせるよう心を砕いてホテルを建てた。照明には苦労したが、アプリコットピンクのシルク製ランプシェードを使うと女性の顔色が一番きれいに見えることがわかった。シャネルの伝記作家クロード・ドレも、この女性を美しく見せる「古風なクレープデシンのランプシェードから投げかけられるピンクの灯り」のもとで晩年のシャネルに取材を行った。リッツでシャネルが使った寝室は彼女のオフィスでもあった。シャネルは毎朝7時半に起床すると自らのクチュールハウスで男物のスタイルにあつらえた白いシルクのパジャマでくつろぎながらポリッジとコーヒーを取り、フィルター付煙草を吸い、新聞を読んでから、低いトーンの明瞭なフランス語で早口で電話で話す。「人となりについて率直にいえば」、シャネルは「疲れを知らない」おしゃべりだった。1950年10月、死の床にあったシャネルの親友ミシア・セールがもうすぐシャネルが到着すると告げられた時、「シャネルのおしゃべりにつきあえないほど弱っていた」セールは、「ココですって！ とどめを刺されちゃうわ！」とため息をついたという。

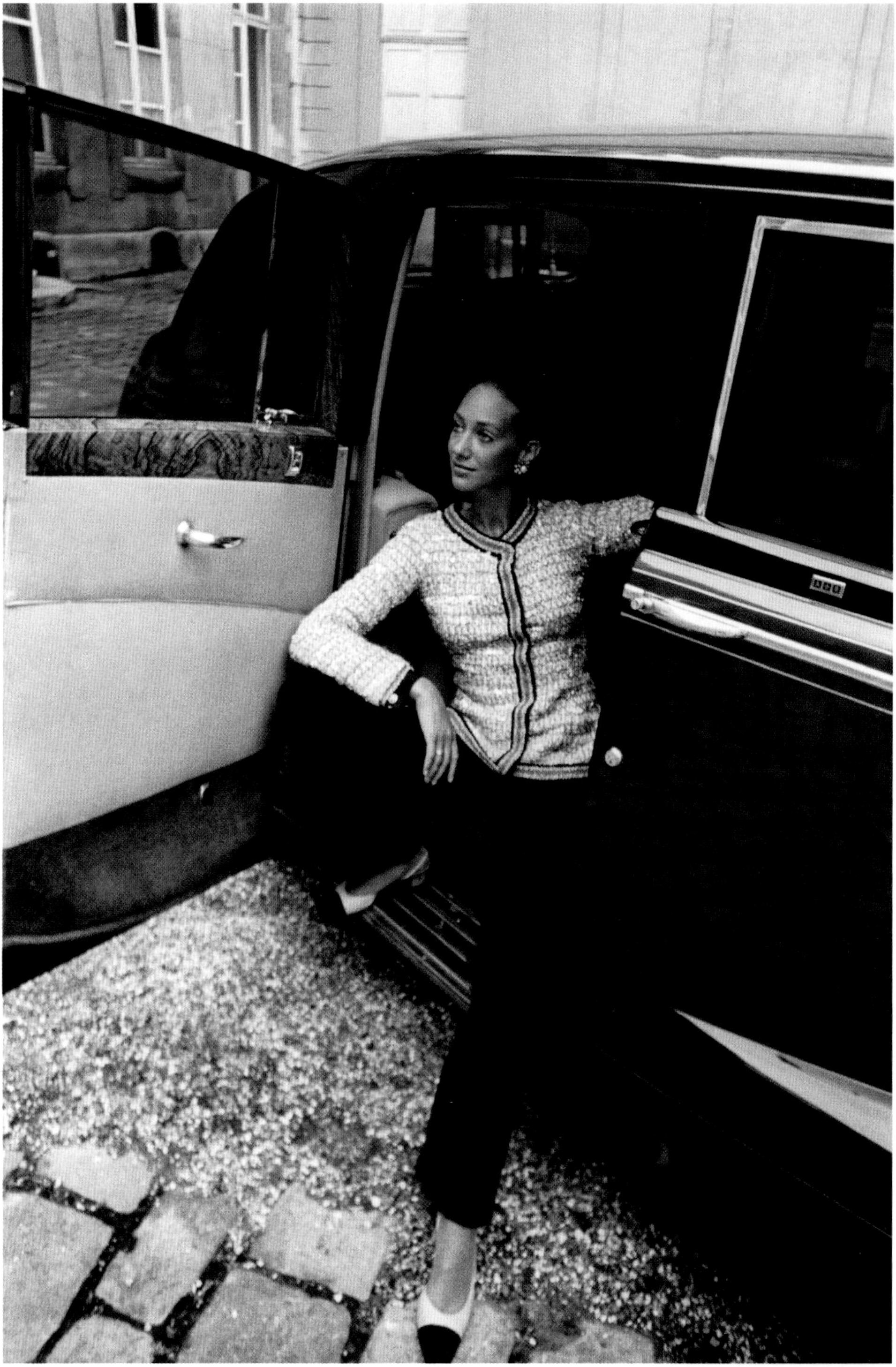

'ファッションが
ジョークになってるわ。
服の中に女性がいるってこと、
デザイナーは
忘れてしまっている。
大抵の女性は男性のために、
そして誉められたくて装う。
でも自由に動けなければ
いけないし、
縫い目を破かずに車に
乗れなくちゃいけないのよ'

ココ・シャネル

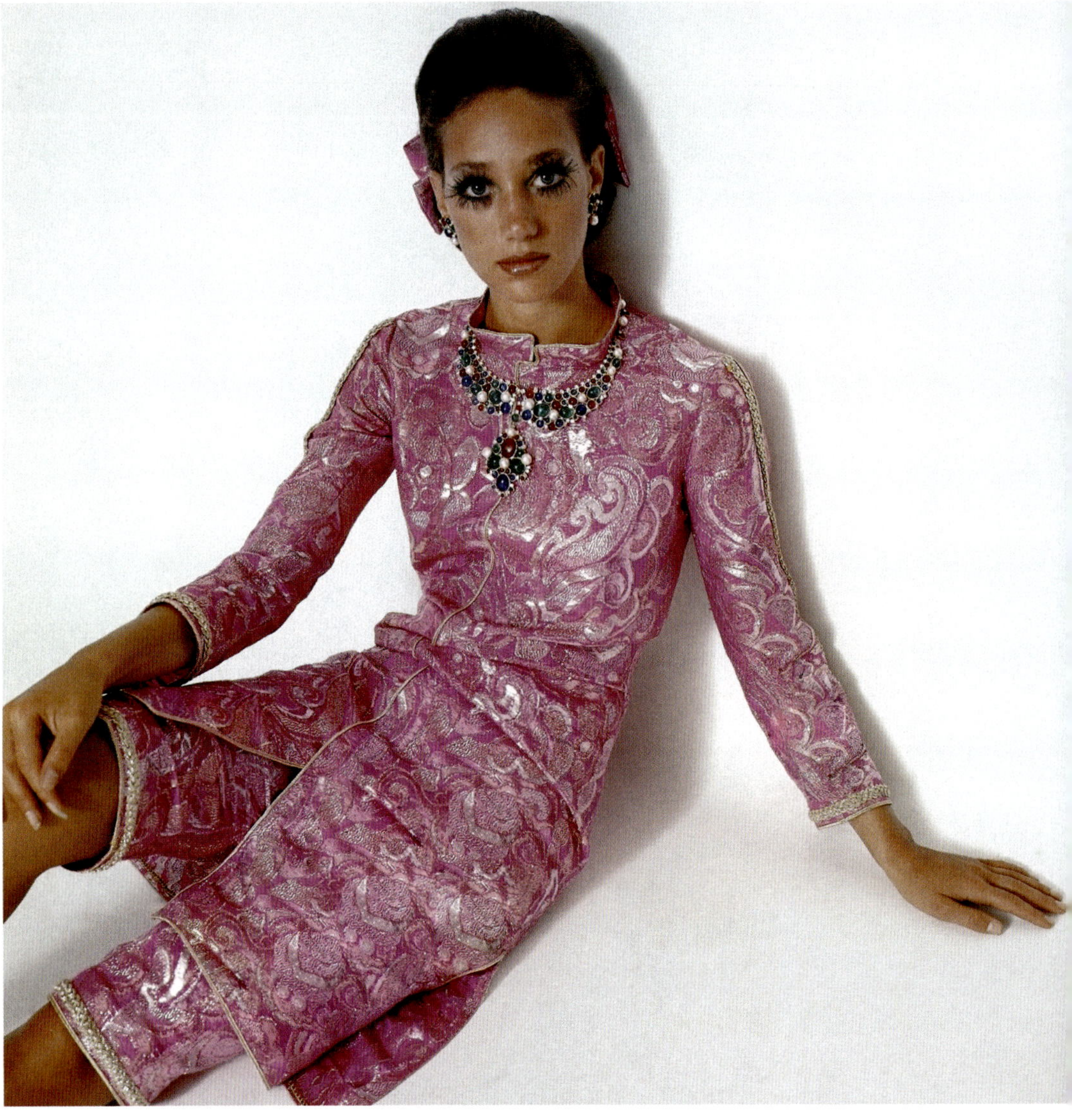

9時になるとシルクパジャマの上に白いウールのテリークロス素材のパジャマを羽織る。それから「メイクアップ用品や化粧品を手に鏡台に向きあって何時間も過ごす」姿を『ヴォーグ』は見た。パリのトップサロン『ギョーム』から毎日スタイリストが訪れてシャネルの髪を整え、自己防衛メカニズムとしてシャネルがいつも頭に乗せている麦わらのボーターハットをきれいにかぶせる。退屈な人物が訪れた時、帽子に手をやって「今外出するところだったの」といいつくろうためだ。そんな身支度の間もずっとシャネルは電話で話し続け、または「現在の内情を知る目的で」カンボン通りの有力派閥に会う。

シャネルの仕事着はいつもシンプルだった。赤とネイヴィーブレードで縁取られたベージュのリネンスーツに、彼女定番のビジュー・ド・クチュールと高価なジュエリーの組み合わせを足して装いを凝らす。午後1時になると──ヴィラ・ラ・パウザの寝室から出てくる定刻でもあった──カンボン通りに現れて友人と彼女のサロンに入り、きっかり1時15分に供される昼食を取る。ダイエットには非常にこだわり、昼食やディナーに招いた相手には山のようにご馳走を出すが、彼女自身は華奢な体型を保つためにわずかしか口にしなかった──生涯を通して体重は48kg程だった。質素なライフスタイルこそが長寿の秘密だとシャネルは語った。「私は食べ過ぎないし、寝過ぎることもないわ」といい「それに生ものは食べないの。ナッツであっても」とつけ加えた。昼食後にコーヒーを飲んでから6時間続けて仕事をし、8時にはリッツに戻って夕食を取るのが決まりだった。

モデルはシャネルの強力な女性ライバルであるエルザ・スキャパレリの孫、マリサ・ベレンソン。ラメ刺繍を施したモーヴのインディアンチュニックとバミューダスタイルのキュロット──ミニスカートの代わりとしてシャネルが生み出したエレガントなボトムス──を合わせたスーツ、シャネルのジュエリーをまとっている。(写真=リッツォ)

前ページ しわのできにくい黒い柔らかなウール地を使った「シャネルの逸品、ヒップスターパンツ」と、シークイン&金糸で刺繍をしたピンクの長いウール地カーディガンに身を包むマリサ・ベレンスン。カーディガンの縁取りは赤と黒のグログラン。足にはシャネルの定番、黒いトウキャップと低く太いヒールを備えたベージュのキッド革製スリングバックパンプス。(写真=アルノー・ド・ロスネー)

> 'ファッションには2つの目的があるわ。
> 快適さと愛よ。
> ファッションがうまくいけば美が手に入るの'
>
> ココ・シャネル

女性の年齢は
自分次第よ

ココ・シャネル

シャネルの死後、
1972年発行の『ヴォーグ』の記事に
添えられたシャネルを描いたスケッチ。
（イラストレーション＝ジョー・ユーラ）

1963年、シャネルは80歳になっていたが、「50歳位」にしか見えないと評判だった。写真家のダグラス・カークランドは彼女の脚が若い女性のようだったと回想している。ファッション界でもシャネルの若さは評判だった。ある伝記作家によればヴィタミン類を一握り程も飲み下し、85歳を迎える頃には、「ファッションバイヤーが震撼したスイスの新たなスマートドラッグ」KH3こそが彼女のヴァイタリティの秘密だと『ウーマンズ・ウェア・デイリー』が報じた。また時々スイスはローザンヌの自宅に引きこもってスパを楽しみ英気を養うこともあった。関節炎とリウマチに悩まされもしたが、相変わらずハサミを振るい、カンボン通りで延々と続くフィッティングに弱音を吐く者がいれば辛辣な言葉を投げつけた。

　1971年1月10日の日曜日、春夏コレクションの期限まで1ヵ月を切っていたためシャネルはあくまでも作業を続けるつもりだったが、疲れに負けてリッツに戻った。メイドのジャンヌにスイートで夕食を取ると伝え、客室係のメイドに窓を開けるよう頼んで「気分が悪いの」と漏らした。ジャンヌが横になるよう強く勧めたため、シャネルは靴を脱いでベッドに体をあずけた。清潔で真っ白なリッツのシーツの下で、「自分自身のスタイルを創造した唯一のデザイナー」はいかにも彼女らしくスーツをまとったまま生涯を閉じた。虫の知らせかアシスタントのリルーとフランソワに残した最後の言葉は「私が死んでも騒がないで。別の次元でずっとあなたたちの側にいるのだから」であった。

> 'シャネルは魅力に満ちたパラドックスだ
> ──このクチュリエは流行を気に留めず、
> 流行が自分のもとに帰ってくるという確信を
> 内に抱いて非の打ち所のないエレガントな
> ラインを追求する──そして果たせるかな、
> 必ず彼女の確信通りになるのだ'
>
> 「ヴォーグ」

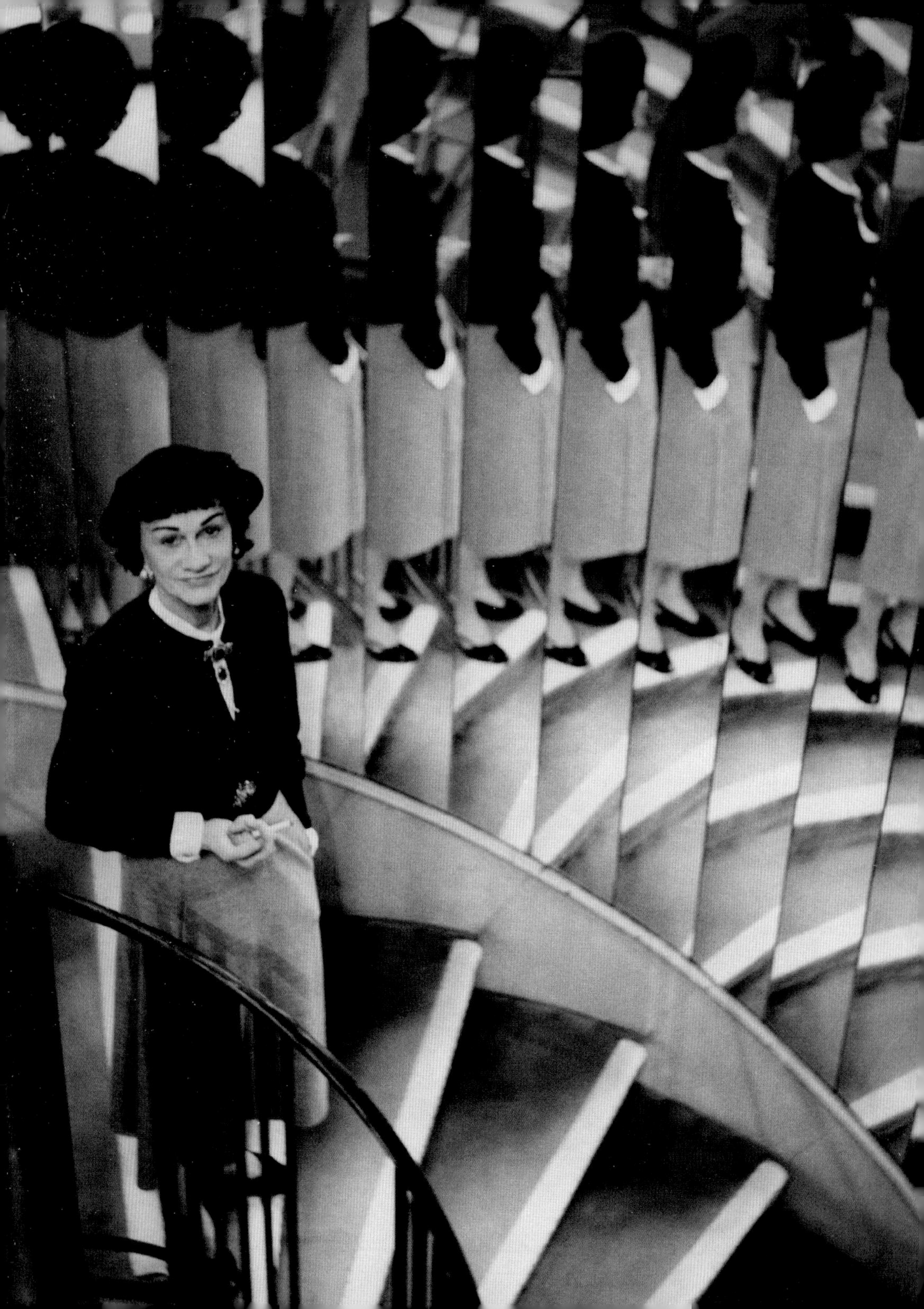

流行は移り変わるが、
スタイルは変わらない

ココ・シャネル

復活を遂げた1954年、
自らのクチュールハウスで鏡張りの
らせん階段に立つシャネル。
(写真=友人でモデルのスージー・パーカー)

索引

イタリックの数字は写真とイラストレーションを指す。

『Elle』 126, 133

あ
アニェリ、マリウス 114
アルノー、マリー=エレーヌ 129
イートンホール 54, 69, 76
ウィークス、バーバラ 99
ウィリス、マージョリー 84
ウッドラフ、ポーター 34, 36, 48, 82
『ウーマンズ・ウェア・デイリー』 16, 129, 132, 153
エドワーズ、マイケル 38
エーメ、アヌーク 139
エリクソン、リー 93
エリック（カール・エリクソン） 113, 116, 121, 127
『黄金に踊る』 104
オズボーン、ダナ 142
オーバック、ニューヨーク市 132
オーバジーヌ 11, 15, 16, 38
オーロ・プレート、マリア・ウジェニア・'ミニ' 129

か
カークランド、ダグラス 153
カペル、アーサー・'ボーイ' 17, 18, 23, 37, 38
カムバックコレクション（1954） 128, 129, 131
カラーパレット 44, 70
　黒の使用 76, 78-9, 82-6
　ヴィラ・ラ・パウザの影響 116-17, 119
ガルボ、グレタ 109
キットミール 41
キャメロン、ロデリック 114
キリコ、ジョルジョ・デ 57
ギャラント、ピエール 49
靴 16, 142
クトゥブフ伯爵 40
クライン、ウィリアム 137, 140-1
クラーク、ヘンリー 132, 136
クレア、アイナ 104, 109
クロイ、オディル・ド、王女 129, 133
グランドル、ガブリエル 64
グリボワ、スザンナ 63
グリボワ、メゾン 63-4, 69
グリュオー、ルネ 130
グルサ、ジョルジュ 39
グローヴナー、ヒュー・'ベンダー'2世、ウェストミンスター公爵 49, 64
　影響 73, 142
　とCC 54, 55, 69-70, 87
ケネット、フランシス 23
ケネディ、ジャクリーン 142
ケルテス、アンドレ 59
香水 37-40, 64, 124
ココ 147
コティ、フランソワ 37, 38
『今宵ひととき』 98, 99, 104
ゴールドウィン、サミュエル 96, 99, 104

さ
サックスフィフスアヴェニュー、ニューヨーク 69
サーマン、ジュディス 16
刺繍 27, 28, 32, 46-7, 48
シャネル No.5 37-40, 64, 124
シャネル、アルベール（CCの父親） 11
シャネル、ガブリエル・'ココ'
　オテル・リッツにて 147, 151
　オーバジーヌ 11, 15, 16, 38
　カラーパレット 26, 44, 70, 76, 78-9, 82-6, 116-17, 119
　グローヴナー（ベンダー） 49, 54, 69, 70, 87
　コスチュームジュエリー 48, 54, 58-69
　「個性」をモデルに求める 129, 142
　ゴールドウィン 96, 99, 104
　死 153
　初期の成功 11-12, 23, 32
　数字の5へのこだわり 38
　成功 132
　第二次世界大戦中 124
　チャーチル 69-70, 71
　ディオールに対して 124
　バルサン 16, 17, 18
　パヴロヴィッチ 37, 40-1, 49
　人となりとイメージ 11, 15-16, 26, 68, 151, 153
　婦人帽への関心 17, 18, 20-1
　ヴィラ・ラ・パウザ 109-19, 126, 151
　ボー 37-8
　'ボーイ'・カペル 17, 18, 23, 37, 38
　メゾン・グリボワ 63-4
シャネル、ハウス・オブ 119, 124, 142
　カンボン通り、パリ 32, 126
　ゴントー・ビロン通り、ドーヴィル 18, 23
　シャネルモード、パリ 10, 18
　デイヴィーズストリート、ロンドン 86, 87
　トリコッツ・シャネル 73, 76
　ハリウッド 96, 99, 104
　ビアリッツのメゾン・ド・クチュール 23, 32
　ブランドの出自 15
シャルル・ルー、エドモンド 15, 23, 44, 69, 70, 109
シュナイダー、ロミー 104
ジェームズ、コリン 18
ジプシーコレクション（1939） 119
ジャケット、襟無し 73
ジャージー素材 10, 11, 23, 44, 125
ジャン・コクトー 18, 69, 76, 104, 106
ジュエリー、コスチューム 49, 54, 58-69, 76, 77, 108
スキャパレリ、エルザ 63, 76, 104, 150
スタイケン、エドワード 51, 84-5
スーツ 132, 139, 140-1
　ジャージー 125, 136, 139
　バミューダスタイル 142, 150
　パンツスーツ 142, 143, 150
ストライツ、ロベール 109
スノー、カーメル 64
スペイン 26
スポーツウェア 32
「スポーツ・コスチューム」 12-13, 14, 72, 73
スワンソン、グロリア 98, 99
セイリグ、デルフィーヌ 102-3, 104
セール、ミシア 106, 147
ソコロヴァ、リディア 69
ソレル、セシル 23

た

ダランソン、エミリエンヌ　16, 17
ダリ、サルヴァドール　18, *101*, 104, 106
チャーチル、ウィンストン　69-70, *71*
チャーチル、ランドルフ　70, *71*
チャニー、リーサ　38, 129
ディオール、クリスチャン　63, 104, 124, 131, 132
ディートリッヒ、マレーネ　96, 109
ディ・ヴェルドゥーラ、フルコ、公爵　15, 73, 76, *77*
デリュー、ジョルジュ　58
デレイ、マリー・ルイーズ　11, 26
『突貫勘太』　99
トリコッツ・シャネル（ティシュー・シャネル）　73, 76
トレイン、スーザン　129
ドゥヴォール、ジャンヌ　11
ドーヴィル　18, 23, 44
ドレ、クロード　147
ドレス：イヴニング　51, *88*, *97*, 120-1, 124, *130*
　ラ・パウザの影響　115, *116-17*, 119
　「リトル・ブラック・ドレス」　76, *78-86*
ドン・アルフォンソ13世、スペイン国王　26

な

ニコレイ、マリー＝イレン・ド・　124, 129
ニーヴン、デヴィッド　96
『ニューヨーカー』　16, 96
『ニューヨークタイムズ』　14, 49
ニュールック（ディオール）　124, 131, 132

は

ハリウッド　96, 99, 104
バッグ、2.55　132, 142, *146*
バーモン、エティエンヌ・ド、伯爵　63, 64
バルサン、エティエンヌ　16, 17, 18
パーカー、スージー　126, *128*, 131, *154-5*
パキャン、ジャンヌ　32
パジャマ、ラウンジ　104, *105*, *108*, 109
パヴロヴィッチ、ディミトリ、大公　44, 96
　CCとの関係　37, 40, 49, 87
　CCへの影響　41
パヴロヴナ、マリア、大公妃　41, *42*, 44

パンツ　105, 109
　パンツスーツ　142, *143*, 150
　「ヒップスターパンツ」　148
『ハーパーズバザール』　23
ビアリッツ・コレクション（1916）　23, 26, 41
ビジュー・ド・ディアマン（1932）　*62*
ビートン、セシル　68, *106*, *144-5*, 147
　シャネルの写真　3, *60*
　ローレンス、ガートルード　*89*
ピカソ、パブロ　18, 69, 76, 104
ピカーディ、ジャスティン　15, 16
ピトウ（ピエール・ド・ラサール）　126
ファブリック：ジャージー　10, 44
　ツイード　73, *78-9*
ファロー、ミア　146
ファーレ、レスリー　76, 109
フォシニ=リュザンジュ、ド、王女　23
婦人帽　17, 18, *19-22*
フォードロヴナ、エリザヴェータ・'エラ'、大公妃　49
フライングクラウド号　49, 54, 70, 72, 109
フラナー、ジャネット　96
ヴィオネ、マドレーヌ　58
ヴィクトリア・ユージェーニ、バッテンベルグ家皇女　26
ヴィスコンティ、ルキノ　104
ヴェニス・リド　*108*, 109
『ヴェーヌスベルク』　101
ヴェルテメール、ピエール＆ポール　40
ブーシェ、レーヌ　*125*, *134-5*
ブーダン、ステファン　110
ヴリーランド、ダイアナ　119
ブランコンタル伯爵夫人　23
ヘップバーン、キャサリン　147
ベイリー、デヴィッド　*143*
ベティーナ・バラード　114, 131
ペラール、クリスチャン　117, *120*
ベルニエール、ローザモンド　124, 126, *127*, 129, *130*
ベレンスン、マリサ　148, 150
ペン、アーヴィング　*139*
ホイニンゲン=ヒューネ　*100*
ホルスト、ホルスト・P　*97*, *191*, 115
ホワイト、クリスティン　64
帽子　*19-22*, 73, 79
ボー、エルネスト　37, 38, 40
ポット、ダニエル　54
ポート=ウィロメ、レーヌ　*92*, *118*
ポラード、ダグラス　13, *42*
ポレル、ジャック、マダム　35
ポワレ、ポール　18, 37, 38
ポンピドー、クロード　129, 142

ま

マサロ、レイモン　142
マッツエオ、ティラー・J　38
マドセン、アクセル　11, 16, 26
マルタ十字　15, *60*, 64, 76
ミューレル、フロランス　58
ミラー、キティ　87, *90-1*
ミラー、ギルバート　87
ミル、ジェラ　126
ムラータ・ラ・チェルダ公爵　*77*
ムルヴァ、ジェーン　58, 63, 69
メソーリ、ハリエット　1
モアハウス、マリオン　*51*, 85
モデル　126, 129, 142
モラン、ポール　26, 54
モーリス・ドピノワ　38

や

ヤンセン、メゾン　110
ユーゴー、フランソワ　76
ユーラ、ジョー　*152*
ヨーク公爵夫人　87

ら

『ライフ』　131
ラウリーノ公爵　*108*
ラウンジパジャマ　104, *105*, *108*, 109
ラザレフ、エレーナ　126, 131
ラ・パウザ、ヴィラ　15, 109-19, *111*, 126
　CCのデザインへの影響　113, 115-17, 119
リッツホテル、パリ　18, 124, 147, 151
「リトル・ブラック・ドレス」（LBD）　76, *78-86*
リー、ドーリアン　126
リヴィエラ　109-19
リントン、ウィリアム　73
ルーザ、レナルド　*46-7*
ルース、クロード・ド　129
ルノワール、ジャン　104
ルロン、リュシアン　124
レネ、アラン『去年マリエンバートで』　*102-3*, 104
レービンダー、コンテス　*4*, *12*
ロシアンコレクション（1920年代）　41, 44, *45-6*, 73
ロスチャイルド、ユージーン（キティ）・ド、男爵夫人　41, 44, *45-6*, 73
ローズ、フランシス、卿　32, 132
ロマノフ朝、エラ大公妃　64
ローレンス、ガートルード　87, *89*

参考文献

The Allure of Chanel by Paul Morand, Pushkin Press, 2008
Bendor: Golden Duke of Westminster by Leslie Field, Weidenfeld & Nicolson, 1983
Chanel, Her Life, Her World and the Woman Behind the Legend She Herself Created
　　by Edmonde Charles-Roux, MacLehose Press, 2009
Chanel: an Intimate Life by Lisa Chaney, Fig Tree, 2011
Chanel: Collections and Creations by Danièle Bott, Thames & Hudson, 2007
Chanel: Couture and Industry by Amy de la Hay, V & A. 2011
Chanel: Solitaire by Claude Delay Quadrangle, 1971
Coco Chanel: a biography by Axel Madsen, Bloomsbury Publishing, 2009
Coco Chanel: The Legend and the Life by Justine Picardie, HarperCollins, 2010
Costume Jewellery in Vogue by Jane Mulvagh, Thames & Hudson, 1988
Costume Jewelry for Haute Couture by Florence Müller, Vendome Press, 2007
Gems of Costume Jewelry by Gabriele Greindl, Abbeville 1991
Intimate Chanel by Isabelle Fiemeyer and Gabrielle Palasse-Labrunie,
　　Flammarion, 2011
Journal d'un attaché d'ambassade by Paul Morand, Gallimard 1996
The Life and Loves of Gabrielle Chanel by Frances Kennett, Gollancz, 1989
Mademoiselle Chanel by Pierre Galante, H. Regnery Co, 1973
Paris, Biography of a City by Colin James, Allen Lane, 2004
Perfume Legends: French Feminine Fragrances by Michael Edwards,
　　HM Editions 1996
The Secret of Chanel N°5: The Intimate History of the World's Most Famous Perfume
　　by Tilar J. Mazzeo, Harper, 2010
Souvenirs d'un parfumeur by Ernest Beaux, Industrie de la Parfumerie, 1946
Swanson on Swanson by Gloria Swanson, Random House, 1980
A Woman of Her Own by Axel Madsen, Holt, 1991

Publishing Director Jane O'Shea
Creative Director Helen Lewis
Series Editor Sarah Mitchell
Designer Nicola Davidson
Editorial Assistant Romilly Morgan
Production Director Vincent Smith
Production Controller Leonie Kellman

For *Vogue*:
Commissioning Editor Harriet Wilson
Picture Researcher Bonnie Robinson

First published in 2012 by
Quadrille Publishing Limited
Alhambra House
27–31 Charing Cross Road
London WC2H 0LS
www.quadrille.co.uk

Text copyright © 2012 Condé Nast Publications Limited
Vogue Regd TM is owned by the Condé Nast Publications Ltd
and is used under licence from it. All rights reserved.
Design and Layout © 2012 Quadrille Publishing Limited

All rights reserved. No part of this book may be reproduced,
stored in a retrieval system or transmitted in any form or by any
means, electronic, electrostatic, magnetic tape, mechanical,
photocopying, recording or otherwise, without the prior permission
in writing of the publisher.

The rights of Bronwyn Cosgrave to be identified as the author of this work have been asserted by her in accordance with the Copyright, Design and Patents Act 1988.

写真クレジット

p.1 Harriet Meserole/Vogue © The Condé Nast Publications Inc; p.3 Cecil Beaton/Vogue © The Condé Nast Publications Ltd; p.4 Wladimir Rehbinder/Vogue © The Condé Nast Publications Inc; p.10 Getty Images; p.13 Douglas Pollard/Vogue © The Condé Nast Publications Inc; p.19 Ira L. Hill/Vogue © The Condé Nast Publications Inc; p.22 Helen Dryden/Vogue © The Condé Nast Publications Inc; p.29 Bocher/© Vogue Paris; p.34 Porter Woodruff/Vogue © The Condé Nast Publications Inc; p.35 Porter Woodruff/Vogue © The Condé Nast Publications Inc; p.36 Porter Woodruff/Vogue © The Condé Nast Publications Inc; p.39 The Bridgeman Art Library/Getty Images; p.42 Douglas Pollard/Vogue © The Condé Nast Publications Inc; p.46-47 Renaldo Luza/Vogue © The Condé Nast Publications Inc; p.48 Porter Woodruff/Vogue © The Condé Nast Publications Inc; p.51 Edward Steichen/Vogue © The Condé Nast Publications Inc; p.55 Hulton Archive/Getty Images; p.57 Vogue © The Condé Nast Publications Ltd; p.59 ©Ministère de la Culture – Médiathèque du Patrimoine, Dist. RMN/André Kertész; p.60 Cecil Beaton/Vogue © The Condé Nast Publications Inc; p.61 Vogue © The Condé Nast Publications Ltd; p.62 © Christie's Images / The Bridgeman Art Library; p.65 Bocher/© Vogue Paris; p.66 Horst P. Horst/Vogue © The Condé Nast Publications Inc; p.68 Cecil Beaton/Vogue © The Condé Nast Publications Inc; p.71 Hulton Archive/Getty Images; p.72 Edward Steichen/Vogue © The Condé Nast Publications Inc; p.74 Francis/Vogue © The Condé Nast Publications Ltd; p.75 Francis/Vogue © The Condé Nast Publications Ltd; p.77 Roger Viollet/Getty Images; p.78 Lee Creelman Erickson/Vogue © The Condé Nast Publications Inc; p.80 Vogue © The Condé Nast Publications Inc; p.82 Porter Woodruff/Vogue © The Condé Nast Publications Inc; p.84 Edward Steichen/Vogue © The Condé Nast Publications Inc; p.85 Edward Steichen/Vogue © The Condé Nast Publications Inc; p.86 Vogue © The Condé Nast Publications Ltd; p.88 Vogue © The Condé Nast Publications Ltd; p.89 Cecil Beaton/Vogue © The Condé Nast Publications Ltd; p.90-91 René Bouët-Willaumez/Vogue © The Condé Nast Publications Inc; p.92 René Bouët-Willaumez/Vogue © The Condé Nast Publications Inc; p.93 Lee Creelman Erickson/Vogue © The Condé Nast Publications Inc; p.97 Horst P. Horst/Vogue © The Condé Nast Publications Inc; p.98 Time & Life Pictures/Getty Images; p.100 George Hoyningen-Huene/Vogue © The Condé Nast Publications Inc; p.101 Horst P. Horst/Vogue © The Condé Nast Publications Inc; p.102-103 Gamma-Keystone via Getty Images; p.105 Christian Bérard/Vogue © The Condé Nast Publications Inc; p.106 Cecil Beaton/Vogue © The Condé Nast Publications Inc; p.108 Time & Life Pictures/Getty Images; p.111 Vogue © The Condé Nast Publications Ltd; p.113 Carl Oscar August Erickson/Vogue © The Condé Nast Publications Inc; p.115 Horst P. Horst/Vogue © The Condé Nast Publications Inc; p.116 Carl Oscar August Erickson/Vogue © The Condé Nast Publications Inc; p.117 Christian Bérard/Vogue © The Condé Nast Publications Inc; p.118 René Bouët-Willaumez/Vogue © The Condé Nast Publications Inc; p.120 Christian Bérard/Vogue © The Condé Nast Publications Inc; p.121 Carl Oscar August Erickson/Vogue © The Condé Nast Publications Inc; p.125 René Bouché/Vogue © The Condé Nast Publications Inc; p.127 Carl Oscar August Erickson/Vogue © The Condé Nast Publications Inc; p.128 Henry Clarke/Vogue © The Condé Nast Publications Inc; p.130 René Gruau/Vogue © The Condé Nast Publications Inc; p.133 Henry Clarke/Vogue © The Condé Nast Publications Inc; p.134-135 René Bouché/Vogue © The Condé Nast Publications Inc; p.136 Henry Clarke/Vogue © The Condé Nast Publications Ltd; p.137 William Klein/Vogue © The Condé Nast Publications Inc; p.139 Irving Penn/Vogue © The Condé Nast Publications Inc; p.140 William Klein/Vogue © The Condé Nast Publications Inc; p.141 William Klein/Vogue © The Condé Nast Publications Inc; p.143 David Bailey/Vogue © The Condé Nast Publications Ltd; p.144-145 Cecil Beaton/Vogue © The Condé Nast Publications Inc; p.146 Paramount Pictures/Getty Images; p.148 Arnaud de Rosnay/Vogue © The Condé Nast Publications Inc; p.150 Rizzo/Vogue © The Condé Nast Publications Inc; p.152 Joe Eula/Vogue © The Condé Nast Publications Inc; p.154-155 Suzy Parker/Vogue © The Condé Nast Publications Inc.

ガイアブックスは
地球（ガイア）の自然環境を守ると同時に
心と身体の自然を保つべく
"ナチュラルライフ"を提唱していきます。

著者：
ブロンウィン・コスグレーヴ
(Bronwyn Cosgrave)
英国版『ヴォーグ』元編集者。作家であり、キュレーター、キャスターでもある。『Made For Each Other and Fashion and the Academy Awards』をはじめ、ファッションの歴史に焦点を当てた書籍を3冊著している。テレビでコメンテーターを務めるほか、高級ブランドのコンサルタントとしても活躍。ドーチェスター・コレクション・ファッション賞の初代会長でもある。

翻訳者：
鈴木 宏子（すずき ひろこ）
東北学院大学文学部英文学科卒業。訳書に『住まいの照明』『カラーセラピー』『世界の聖地バイブル』（いずれもガイアブックス）など多数。

VOGUE ON COCO CHANEL
VOGUE ON ココ・シャネル

発　　行	2013年2月1日	
第 2 刷	2013年11月1日	
発 行 者	平野　陽三	
発 行 所	株式会社 ガイアブックス	

〒169-0074 東京都新宿区北新宿 3-14-8
TEL.03(3366)1411　FAX.03(3366)3503
http://www.gaiajapan.co.jp

Copyright GAIABOOKS INC. JAPAN2013
ISBN978-4-88282-860-0 C0077

落丁本・乱丁本はお取り替えいたします。
本書を許可なく複製することは、かたくお断わりします。
Printed in China